Index des Planches.

(Il s'en trouve 51 parcequ'une est en double.)

1 Vallée de Mexico (le texte est entre les planches 28 et 29).
2 Vera Cruz.
3 Rancheros.
4 Baie d'Acapulco.
5 Pyramide de Tusapan.
6 d°. de Papantla (V. 25.)
7 Poblanas (gens du peuple.)
8 Grande place de Mexico (V. 49)
9 Jalapa ou Xalapa.
10 Pyramide de Xochicalco.
11 La même restaurée.
12 Ruines à Quemada, près de Villa nueva (V. 13 et 20)
13 autres ruines à Quemada.
14 Riche bourgeois.
15 Tampico.
16 Puebla de los Angeles.
17 La Mantille. (Costume.)
18 Zacatecas. (V. 29)
19 Veta Grande (Mines.)
20 Ruines à Quemada. (V. 12. 13)
21 Pyramide de Cholula.
22 Indiens de Guauchinango.
×23 Gens des Terres chaudes, entre Papantla & Misantla.
24 Aguas Calientes (Ville)
25 Papantla (V. 6.)
26. 27. Pyramide de Xochicalco.

× Voir pour le texte au N°. 28.

28. La même que le N° 23; mais avec le texte.
29. Zacatecas. (V. 18)
30 Fontaine à Tusapan.
31 Ruines à Mapilca.
32 Arrieros. (Muletiers.)
33 Place de Guanajuato.
34 Vue — d° —
35 Idoles antiques (V. 36. 40. 41, 45. 50 et 51).
36 Pierre du Sacrifice. V. 40. 41.
37 Tortilleras. (Pâtissières.)
38 San Luis Potosi.
39 Monte Virgen.
40 }
41 } Pierre du Sacrifice; détails.
42 Montagnards au S. E. de Mexico.
43 Grande Place de Guadalajara.
44 Les deux volcans aux environs de Mexico.
45 Idoles (V. 35 ci-dessus)
46 Instruments de Musique.
47 Charbonnier et Laboureur; Mexico.
48 Promenade à Mexico.
49 Grande place; Mexico (V. 8.)
50 Le Zodiaque antique. (V. 35.)
51 Teoyaomiqui, déesse de la mort (V. 35 ci-dessus.)

VOYAGE

AU MEXIQUE.

Friend Ritchie
accept this from
Yours truly
Carl Nebel
32

VOYAGE

PITTORESQUE ET ARCHÉOLOGIQUE

DANS LA PARTIE LA PLUS INTÉRESSANTE

DU MEXIQUE

PAR C. NEBEL,

ARCHITECTE.

50 PLANCHES LITHOGRAPHIÉES AVEC TEXTE EXPLICATIF.

A PARIS,

CHEZ

M. MOENCH, CITÉ BERGÈRE, N. 14. — M. GAU, RUE POISSONNIÈRE, N. 46.

1836.

Imprimé chez PAUL RENOUARD, *rue Garancière, n.* 5.

OBSERVATIONS DE M. DE HUMBOLDT.

« En publiant, après mon retour du Mexique, un essai sur l'art et les monumens des peuples indigènes du Nouveau Continent, j'avais énoncé l'espoir que l'intérêt philosophique de notre vieille Europe s'étendrait peu-à-peu sur l'histoire et les types mystérieux de la civilisation naissante de l'Amérique avant la conquête espagnole. Ce n'est pas le beau idéal, ni le sentiment de la perfection des formes, que l'on cherche dans les monumens des peuples du Nouveau-Monde, chez ceux qui vivent, soit à l'est de l'Euphrate et de la Pentapotamide, soit dans l'Archipel asiatique où a pénétré avec le Boudhisme, la culture intellectuelle de l'Indoustan. L'étude de l'art dans ces régions lointaines offre un intérêt historique d'un genre grave et élevé, un intérêt qui se lie aux recherches sur la filiation de différens rameaux de l'espèce humaine, à la marche progressive et variée de l'esprit humain, lorsque des races plus ou moins heureusement organisées parviennent à régler leur état social, leur culte et l'ordonnance de leurs monumens publics.

« C'est sous l'influence de ces idées que, depuis long-temps, j'ai exprimé le vif desir que les débris remarquables d'architecture et de sculpture qui couvrent le dos des Cordillères du Mexique et du Pérou, et dont je n'ai donné, dans mes écrits, que des esquisses imparfaites, fussent représentés par d'habiles dessinateurs. Ce desir a été rempli, pour le Mexique, de la manière la plus satisfaisante, et avec une intelligence et un talent d'artiste dignes d'admiration.

« M. Nebel, architecte, a passé cinq ans dans le pays où la domination des Toltèques et des Aztèques avait pris un grand développement; il a mesuré les monumens avec une scrupuleuse exactitude; il a signalé des constructions entièrement inconnues, par exemple les édifices à colonnes accouplées, près de Villa-Nueva (au sud-ouest de Zacatecas), sur le dos et la pente d'une montagne isolée; il a conservé aux bas-reliefs qui ornent les gradins des Teocallis, ou pyramides mexicaines, leur caractère primitif, il a saisi avec un rare bonheur la physionomie de la végétation tropicale qui embellit ces contrées.

« J'aime à rendre à M. Nebel un témoignage public de l'estime que méritent de si pénibles et importantes recherches. L'ouvrage exécuté à Paris, sous les yeux du voyageur même, embrassant à-la-fois l'architecture ancienne et moderne, aztèque et espagnole, les vues des villes principales de la Confédération mexicaine, les costumes des habitans répandus sur la pente des Cordillères dans des climats superposés comme par étages, ne peut manquer de fixer l'intérêt général; il le fera d'autant plus que M. Nebel a eu l'avantage de ne voir que du *mexicain* sur le plateau du Mexique. Il a eu le bon esprit de croire qu'avant tout il importait de connaître ce que les peuples d'Aztlan ont produit de leur propre fonds dans leurs sauvages solitudes, séparés du reste du genre humain. Il fera grâce au lecteur de longues discussions sur les origines aztèques, sur les Atlantes de Solon et les peuples sémitiques, sur les Egyptiens et les Chinois du Fousang; on saura gré à l'auteur de tout ce qu'il veut ignorer.

« ALEXANDRE DE HUMBOLDT. »

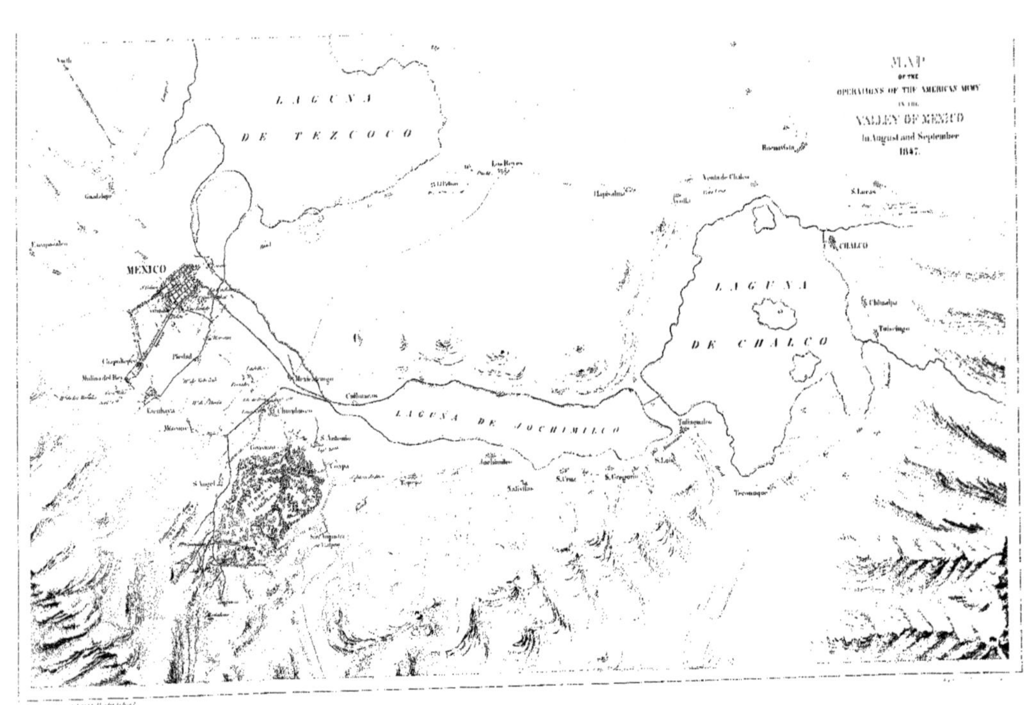
MAP
OF THE
OPERATIONS OF THE AMERICAN ARMY
IN THE
VALLEY OF MEXICO
In August and September
1847.
LAGUNA
DE TEZCOCO
LAGUNA
DE CHALCO
LAGUNA DE JOCHIMILCO
MEXICO
CHALCO
Los Reyes
Chapultepec
Molino del Rey
Piedad
Mexicalcingo
Culhuacan
Churubusco
Tacubaya
S. Antonio
Coyoacan
S. Angel
Tepepan
Xochimilco
S. Gregorio
S. Cruz
S. Luis
Tulyagualco
Tetelco
Tecomitl
Chimalpa
Tlaxcingo
Buenavista
Venta de Chalco
S. Lucas
Guadalupe

PRÉFACE.

Le Nouveau-Monde, si riche en objets curieux et intéressans pour l'Europe, a été visité à plusieurs reprises par des voyageurs célèbres, qui nous en ont donné des notions très précieuses, quant à la statistique, l'histoire naturelle, etc.; mais ces messieurs ont négligé, soit par dédain ou autre raison quelconque le côté pittoresque de ce pays, lequel, il me semble, n'est pas moins intéressant que la partie scientifique. Tout le monde n'est pas géographe, botaniste, minéralogiste, etc., etc.; mais tout le monde est curieux.

Cette curiosité n'est cependant pas assez forte chez la plupart des hommes, pour se soumettre à des études sérieuses et fatigantes; on a à peine le courage de commencer un ouvrage scientifique, et fatigué des démonstrations, opérations, hypothèses, suites et conclusions, on jette le livre de côté avant d'avoir lu seulement le premier chapitre.

Le monde est comme un enfant, il faut frapper les sens si l'on veut attirer son attention, on est bien aise de s'instruire, mais il faut que ce soit à peu de frais, et même en s'amusant.

Ce sont ces réflexions qui m'ont décidé à publier le présent ouvrage sur le Mexique, l'Attique du Nouveau-Monde. Les dessins en forment la partie principale, le texte n'est qu'accessoire, et doit servir d'explication aux différentes planches, qui seront composées de paysages, de vues d'intérieurs de villes, de costumes, de monumens et fragmens anciens, etc. Si le temps me le permet, je publierai mes observations séparément sous le titre *Anahuac*, ou les pays tropiques de l'Amérique, tableau historique de mœurs et usages. Ces deux ouvrages, quoique indépendans l'un de l'autre, pourront se servir mutuellement de commentaires. J'ai parcouru le Mexique en différens sens, et j'ai recueilli ce qui me semblait le plus remarquable et le plus nouveau; dans mes dessins j'ai représenté les objets consciencieusement et avec la plus grande exactitude, sans que la fantaisie y ait eu aucune part. Le peintre, l'architecte, le botaniste et même l'archéologue les considéreront avec intérêt. Peut-être demanderont-ils plus d'étendue, chacun dans sa sphère, pour en faire un objet d'étude; mais ce n'est pas là le but de cet ouvrage, je n'ai pas la prétention d'instruire, mon ouvrage doit servir au public de délassement.

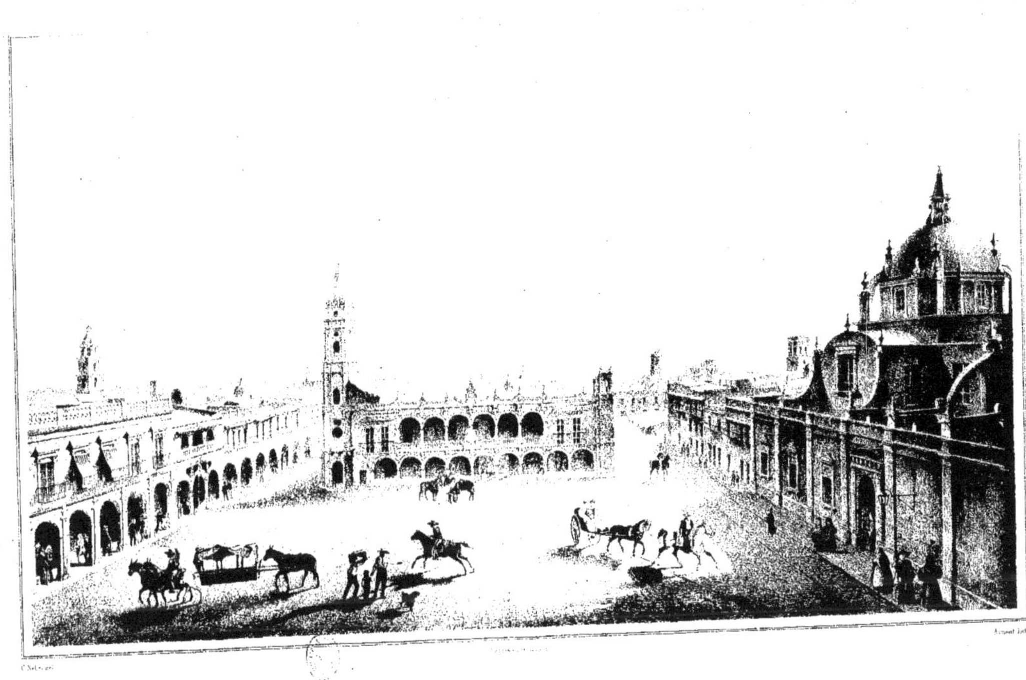

VERA-CRUZ.

Située sur les rives du golfe du Mexique, sous le 19e degré de latitude, est, et a toujours été le premier port de mer du pays. La ville fut fondée vers la fin du XVIe siècle par ordre du vice-roi Monterey; elle est bâtie sur le sable, tout-à-fait au bord de la mer, et entourée de murailles; ses rues sont tirées au cordeau; on y trouve, outre le palais du gouvernement, quelques beaux monumens en fait d'églises et couvens. Les maisons n'ont qu'un étage et sont couvertes en terrasses. Elles sont toutes en pierre et la distribution intérieure est très aérée.

La vue de la ville du côté de la mer n'offre qu'un aspect peu intéressant; voilà pourquoi je me suis placé sur la terrasse d'une des maisons qui encadrent la place principale pour dessiner la vue que nous en avons sous les yeux.

Nous voyons au milieu du tableau le palais du gouvernement; à droite, une partie de la paroisse; plus loin, du même côté, le marché de la ville; à gauche se trouve une rangée de maisons qui conduit les passans sous des arcades jusqu'au port; la tour qui domine de ce côté des maisons est celle du couvent de Saint-Francisco. Dans le lointain, on aperçoit la forteresse de Saint-Hulua, située au milieu de la mer à une demi-portée de canon, sur un récif en face de la ville dont elle défend l'entrée. Elle a servi de dernière retraite aux Espagnols dans la guerre de l'indépendance, et n'a été prise que par capitulation, en l'année 1825.

L'intervalle qui reste entre la ville et la forteresse sert de rade, de façon que les bâtimens, pour plus de sûreté, doivent se munir de trois ancres à-la-fois pour se garantir contre les gros coups de vent du nord qui y règnent dès le mois d'octobre jusqu'au mois de mars. Le climat de Vera-cruz est très chaud, et sans être malsain, il y règne, comme à la Nouvelle-Orléans, la Havanne et d'autres ports des Antilles la fièvre jaune. Les natifs ne sont pas sujets à cette maladie; mais tous les étrangers, soit de l'intérieur ou des pays outre-mer doivent subir cette rigoureuse épreuve pour y acquérir le droit de résidence.

RANCHEROS.

Ou fermiers; ce costume n'appartient cependant pas exclusivement aux fermiers, tout homme de la moyenne classe s'habille de cette manière quand il monte à cheval, et comme cela arrive très souvent, car on ne va guère en voiture et jamais à pied, les vêtemens sont toujours disposés pour le cavalier. Il n'y a pas de pays où l'on soit mieux monté. La selle un peu à l'arabe tient le cavalier toujours bien assis, les étriers de bois et recouverts de cuir garantissent contre le froid, la boue, la pluie et le soleil; les peaux de veau ou de tigre qui pendent des deux côtés sur le devant de la selle, se déploient en cas de besoin et s'attachent derrière, pour préserver des injures de l'air. Le grand chapeau est propre à tous les temps; le manteau est très commode, ce n'est qu'un morceau d'étoffe de coton, de laine et souvent d'un tissu très fin et presque imperméable, d'une couleur bleue ou coloriée, ayant un trou au milieu pour passer la tête, comme on le voit dans le dessin. On porte ordinairement deux pantalons; le premier est de toile et le second de cuir ou de drap; les jambes jusqu'aux genoux et par dessus les pantalons de toile sont enveloppées de cuir pour garantir contre la boue; ces cuirs servent aussi pour donner de l'aplomb. Comme en voyageant dans le Mexique on ne trouve jamais un lit, on y supplée avec les vêtemens et autres effets d'équipement. Il n'y a qu'une observation à faire : c'est que le pauvre cheval est trop chargé, puisqu'un cavalier mexicain avec selle et armes, pèse le double d'un cavalier européen; malgré cela un cheval fait 18, 20 et 25 lieues par jour en ne prenant de nourriture que pendant la nuit.

Ch. Nebel del. — Lith. de Lemercier — Villeneuve Lith.

BAHIA DE ACAPULCO.

ACAPULCO.

Autrefois le second port du royaume par son grand commerce avec la Chine, a beaucoup perdu depuis l'indépendance, et les marchandises débarquent à présent presque toutes à Saint-Blas, port de mer dans le golfe de la Californie à la frontière de la Sonore.

La baie d'Acapulco, d'environ deux lieues de tour, forme le plus beau port que l'on puisse voir, il est entouré de hautes montagnes, et les bâtimens s'y trouvent en parfaite sûreté.

La ville, s'il est permis d'appeler ainsi un endroit qui n'a que de petites maisonnettes de bois, couvertes de palmiers, n'a dans ce moment-ci que 3,000 habitans, la plus grande partie se compose de mulâtres, le reste est blanc; le commerce est dans la main des derniers; les premiers sont ou cultivateurs ou marins ou pêcheurs de perles. Le climat d'Acapulco est excessivement chaud, et quoiqu'il n'y ait pas de fièvre jaune, il y a d'autres fléaux du même genre.

Le spectateur se trouve dans le présent tableau en face de la ville, on a le golfe et la rade devant soi. A droite, on voit sur une petite hauteur la forteresse qui défend à-la-fois le port et l'unique entrée par terre. On y arrive par les montagnes que l'on aperçoit dans le fond du tableau.

TUSAPAN.

Ancienne ville des Totonaques, est située sur une petite colline à 28 lieues du golfe du Mexique et à 70 lieues N. N. E. de la capitale; elle ne paraît pas avoir été d'une grande étendue; mais ses ruines indiquent une civilisation aussi avancée que celle des peuples autour de Mexico. Il n'y a guère qu'un seul monument que la végétation extraordinaire a épargné jusqu'à présent, mais qu'elle détruira en peu d'années comme le reste de la ville. La forme de ce monument indique un temple indien; la base fait presque un carré parfait, de 30 et quelques pieds de chaque côté. La construction est en pierres calcaires brutes, liées et recouvertes avec du mortier. On y monte du côté du nord par un escalier très rapide, comme le sont tous ceux que j'ai vus pour ce genre de monument; c'était probablement pour que les corps des victimes que l'on jetait du haut en bas ne restassent pas en route. On voit en haut de l'escalier, sur une petite plate-forme, l'entrée de l'endroit où se trouvait le dieu devant lequel on sacrifiait. Il a 3' 1" de large sur 5' 10" de haut, la muraille a 3' d'épaisseur; l'intérieur est de 12' carrés; en face de l'entrée, contre la muraille, se trouve une espèce de socle qui servait probablement de piédestal à la divinité. Le haut de cet endroit est voûté en pointe en suivant la ligne extérieure du toit. La porte comme les deux frises et la corniche qui font le tour du monument sont en pierre de taille. La frise au-dessus de la porte est sculptée comme l'indique le dessin; le travail est grossier, les ornemens ont 2' 1/2 de relief. Outre ce monument, j'ai encore trouvé une statue sculptée dans un rocher dont je parlerai plus tard en en donnant le dessin. Le reste du lieu est un chaos complet et presque impénétrable, comme toutes ces forêts, à cause des broussailles, lianes, plantes épineuses, etc., etc., qu'on ne peut franchir qu'avec le sabre et la hache.

On trouve çà et là des puits assez profonds de 2 et demi à 3 pieds de large, maçonnés comme les monumens, et outre cela, des vestiges de sculpture d'animaux et de figures, des outils de pierre, etc., le tout très mutilé. Il est probable que les habitans de cet endroit, dont le nom s'est conservé parmi les Indiens qui vivent aux alentours, avaient quitté leur pays à l'arrivée des Espagnols pour s'enfoncer davantage dans la montagne, ce qu'ils faisaient partout en cherchant les lieux les plus inabordables; ils y sont restés en partie jusqu'à nos jours, et c'est encore là qu'on les trouve tout-à-fait purs de race.

LA PIRAMIDE DE PAPANTLA.

(Llamado el Tajin)

LA GRANDE PYRAMIDE

DE PAPANTLA.

Mentionnée par Humboldt et d'autres comme un des principaux restes des antiquités de l'Amérique, n'a jamais été ni dessinée ni décrite; car, quoique renommée dans le pays, il y a, outre les Indiens des environs, peu de personnes qui l'aient vue, les forêts presque inaccessibles qui l'entourent la cachent à tous les yeux, et malgré sa dimension assez importante, il faut une connaissance locale toute particulière pour la trouver et une volonté bien décidée pour vaincre les obstacles que présente la traversée d'une forêt vierge. Il est vrai que près de la pyramide même il y avait autrefois des habitations et peut-être une ville entière : car tels l'indiquent les fragmens architecturaux que l'on trouve à une demi-lieue autour; mais supposant même que cette ville n'ait été abandonnée que depuis 300 ans, époque de la conquête, ce temps est plus que suffisant pour que dans une terre si féconde et sous l'influence d'une chaleur brûlante de la zone torride, la végétation se franchisse un chemin à travers des murs et monumens, en renversant tout ce qui oserait s'opposer à sa marche, jusqu'à ce qu'elle ait reconquis et couvert de ruine de productions humaines, le sol que la civilisation avait voulu lui dérober. Il fallait un monument de la construction et de l'importance de cette pyramide pour pouvoir résister en quelque sorte à l'envahissement d'une telle végétation; malgré cela elle n'évitera pas le sort commun; car de gros arbres et arbustes ont déjà pris racine dans les crevasses et jonctions des pierres, et en peu d'années disparaîtra le seul témoin d'une ancienne et haute civilisation.

La pyramide nommée par les naturels du pays *El taxin* se trouve à 16 lieues de la mer, à 50 et quelques lieues N. de Vera-cruz et à 2 lieues S. O. du village de Papantla. Avant de pouvoir entreprendre mes opérations géométrales, il m'a fallu plusieurs jours et la main-d'œuvre de beaucoup d'Indiens pour la déblayer et dépouiller des arbustes dont elle était couverte. Le dessin que nous avons sous les yeux la présente tout-à-fait géométralement, et quoique le monument se trouve de cette manière en contraste avec les accessoires, j'ai cru devoir le représenter ainsi pour mettre ceux qui voudront se rendre compte de ses dimensions à même de pouvoir, le compas à la main, la mesurer dans tous ses détails. Les marches du grand escalier qui ont un pied anglais de haut, peuvent servir d'échelle. Toute la pyramide se compose, comme nous le voyons, de sept corps mis en terrasse les uns sur les autres, en suivant toujours le même angle d'inclinaison; sa base est un carré parfait, dont chaque côté a 120 pieds anglais, sa hauteur totale est de 85 pieds, elle est en pierres de taille d'une matière sablonneuse et grisâtre, liées et revêtues de mortier de 3' pouces d'épaisseur. Le grand escalier au milieu est divisé en deux, par de petites cases ou niches, qui ont comme les autres grandes qui entourent tout le monument, autant de profondeur que de largeur, j'en ignore l'usage. Cet escalier se trouve à l'est de la pyramide, dont les quatre faces sont indiquées selon les quatre points cardinaux; il est le seul par où l'on monte au sommet. Tout le corps de l'escalier avance autant sur le corps de la pyramide que les extrémités de la corniche de chaque assise en suivant avec elle l'angle d'inclinaison de toute la masse. On ne montait par l'escalier que jusqu'au septième corps, qui se trouve en ruines; il était probablement creux pour renfermer la divinité à laquelle était consacré ce temple.

POBLANAS.

Ce nom dérive de *pueblo* (village); *poblana*, villageoise. Ce sont des femmes de la classe ouvrière, quoique les dames de première classe adoptent souvent cette mise dans leur intérieur. La partie essentielle du costume est le *rúboso*, ou châle léger, qu'elles portent sur la tête et qu'elles ne quittent presque jamais, même pour faire la cuisine, sans que cela les gêne le moins du monde. Elles ne mettent pas de corset, et même les grandes dames ne s'en servent qu'aux heures de représentation. Le reste du costume est de diverses couleurs et étoffes, sans s'écarter cependant de la coupe représentée dans le dessin. Le jupon de dessous est toujours blanc, et la femme la plus pauvre ne sortirait pas avec un jupon de couleur. Quand elles s'habillent, elles mettent des souliers et des bas de soie, et si leurs moyens ne permettent pas tant de luxe, elles vont nu-jambes, et souvent nu-pieds; tout en portant des garnitures d'or ou d'argent à la robe. La toilette passe avant tout, et elles se priveraient plutôt d'un lit, d'une chaise, d'une table, et autre ustensile de ménage, que d'une paire de bas de soie, d'un peigne d'écaille, ou objet de luxe quelconque, qui pourrait faire ressortir davantage leurs attraits et les faire remarquer dans un fandango ou à la promenade. Il est dans le caractère national de dépenser l'argent comme il vient et de ne songer qu'à ses plaisirs. Heureux le pays où le climat et la grande facilité d'acquérir permettent une pareille insouciance!

INTÉRIEUR

DE MEXICO.

J'ai déjà fait observer que cet ouvrage n'a aucun but scientifique; on n'attendra donc pas, à l'occasion d'une vue pittoresque, un article statistique sur la ville de *Mexico;* ce serait dépasser les bornes que je me suis prescrites; car on ne manquerait pas de matière pour écrire tout un volume. Je me bornerai à donner tout simplement la description de mon tableau, en y joignant quelques aperçus explicatifs sur l'état de la ville; persuadé que ceux de mes lecteurs qui ne connaissent pas l'histoire du Mexique en particulier, seront fort aises de pouvoir, à peu de frais, se faire une idée de la capitale de ce vaste et mémorable empire.

Jusqu'à présent personne n'a pu démêler l'histoire des anciens peuples du Mexique, et les notions très incertaines que nous en avons ne remontent pas au-delà de 400 ans avant la conquête. Nous savons qu'avant que les Mexicains ne devinssent un grand peuple, ils avaient dans leurs voisins autant d'ennemis à combattre; souvent leur sûreté était compromise et leur existence même très incertaine. Ils sortirent vainqueurs de la lutte, et après avoir soumis tous les peuples circonvoisins, ils étendirent encore plus loin leurs conquêtes. Ils étaient, sous l'empereur Montézuma, parvenus au plus haut degré de gloire et de civilisation, quand Fernand Cortès vint se rendre maître du pays en l'année 1520.

Par suite des combats et des bouleversemens, toute la ville de Mexico fut détruite. Cortès, après avoir établi le nouveau gouvernement, la fit reconstruire sur la même place, mais sur un autre plan. Elle est à présent la plus grande et la plus belle ville de l'Amérique méridionale et septentrionale, et même en Europe, il n'y en a peut-être pas qu'on puisse lui comparer : sa position et son climat contribuent beaucoup à lui valoir cette supériorité. Elle est située sur le plateau des Cordillières, au 21e degré de latitude nord, et à 1,300 mètres au-dessus du niveau de la mer, dans une vaste et belle plaine, entourée de hautes montagnes dont quelques-unes, à cause de leur immense élévation, se trouvent couvertes d'une neige éternelle; ses rues sont toutes tirées au cordeau, larges et ornées de trottoirs; les maisons sont en pierres et n'ont qu'un ou deux étages, par rapport aux tremblemens de terre qui étaient très fréquens autrefois, et qui se font encore sentir de temps en temps, quoique faiblement et sans inspirer aucune crainte; elles sont toutes peintes avec les couleurs les plus vives et les plus variées, dont un climat doux et printanier conserve

long-temps la première fraicheur. C'est un vrai plaisir que de se promener dans les rues de Mexico, où la variété des costumes de ses habitans, et celle des peintures de leurs maisons, forment, au milieu d'un amphithéâtre de montagnes, des tableaux curieux et vraiment enchanteurs. Ces tableaux, représentés sur la toile par un artiste habile, le disputeraient en beauté aux villes les plus célèbres de l'Italie et de l'Orient. Mais si l'on veut jouir d'un spectacle tout nouveau et unique peut-être, il faut monter sur la terrasse d'une des maisons les plus élevées, sans craindre ni les cheminées ni la fumée (car il n'en existe pas), et l'on se trouve, pour ainsi dire, transporté dans un vaste jardin, orné des fleurs les plus belles et les plus rares; les habitans ayant soin d'en garnir le haut des maisons, où elles apparaissent entrecoupées par des lignes d'architecture, et des pavillons ou belvédères d'une construction élégante et légère. Tout est si frais, si bien conservé, qu'avec la perspective de la campagne et le contraste des hautes Cordillières surmontées de neige, en présence de l'aspect azuré du ciel, on a sous les yeux un panorama ravissant et dont on ne saurait abandonner la vue sans regrets.

Le tableau actuel représente un côté de la cathédrale avec la bibliothèque, au premier plan : c'est là qu'on voyait jadis le grand temple ou Téocali des Mexicains. Plus loin, en face, on découvre le parian (bazar), dominé par la deputacion (hôtel-de-ville). C'est dans une des belles maisons, à droite, qu'habitait Cortès. Le roi d'Espagne lui fit don de tout un quartier, et lui accorda, en outre, une grande étendue de terrain dans l'intérieur du pays, dont ses successeurs jouissent encore.

JALAPA.

C'est une petite ville à 24 lieues de Vera-Cruz, sur la route de Mexico; c'est là qu'on trouve le congrès et le siège du gouvernement de l'Etat de Vera-Cruz. Elle est bâtie au pied des Cordillières, et c'est pour cela qu'elle présente un aspect vraiment pittoresque. Son climat est aussi doux et agréable que ses habitans, surtout le beau sexe, qui y est renommé par ses charmes et son amabilité.

Ici il n'y a pas de temps de sécheresse ou de pluie, comme à la côte et sur le plateau des Cordillières; Jalapa et ses environs jouissent d'un printemps perpétuel. Les productions du sol sont très variées; on y cultive, outre toute sorte de légumes et de fruits européens, la canne à sucre, le jalape, la salsepareille, la canelle, le tabac, l'olivier, etc., etc.; tout y réussit; il s'agit seulement de choisir ou les hauteurs ou la plaine. C'est d'ici et de Orizaba, autre ville à-peu-près dans la même situation, mais à une quinzaine de lieues plus au sud, qu'on approvisionne Vera-Cruz, dont les environs ne produisent que des maladies et des insectes venimeux.

VISTA DE JALAPA.

RUINAS DE LA PIRAMIDE DE XOCHICALCO.

LES RUINES

DE LA PYRAMIDE

DE XOCHICALCO.

Ces ruines se trouvent à 25 lieues sud du Mexico, sur une petite colline dans la terre chaude (a); elle doit être l'ouvrage des Coviscas ou Tlapanecas, qui habitaient ces contrées long-temps avant la conquête. 

Ce monument, comme objet d'art, représente ce que les anciens peuples indigènes ont produit de plus parfait, compris les monumens de Palenque (dans la province de Chiapas), qui commencent à fixer l'attention des archéologues, et dont il n'existe que des dessins faux et mauvais. Celui-ci a été dessiné, comme ces derniers, par le capitaine Dupaix, envoyé deux fois en expédition par le gouvernement espagnol, pour faire des recherches sur les antiquités du pays; expédition fort tardive, puisque si on l'eût faite deux siècles plus tôt, au lieu de détruire, par esprit de fanatisme ou ignorance, tout ce qui avait du rapport à l'histoire ou au culte des Indiens, on connaîtrait peut-être l'origine d'un peuple qui, à raison de son importance, mérite tout autant notre attention que les habitans de l'ancien monde. Les dessins de M. Dupaix ou de ses collaborateurs sont si peu fidèles qu'on y reconnait à peine les objets représentés; et pourtant ces dessins se publient aujourd'hui à Paris pour la troisième fois, après avoir été publiés en Angleterre par Bulloc, et dernièrement par lord Kingsbrought; il semble qu'on s'y intéresse beaucoup. Pourquoi donc un gouvernement quelconque de l'Europe ne ferait-il pas une expédition scientifique dans ces pays, en la composant de gens capables et pourvus des matériaux nécessaires pour une telle entreprise?

La pyramide dont nous parlons est située, comme nous l'avons déjà dit, sur le sommet d'un monticule de forme conique, d'à-peu-près 400 pieds de hauteur. Il paraît qu'on a voulu fortifier cet endroit; car

(a) Il sera nécessaire de faire ici une remarque pour les personnes qui ne connaissent pas le pays. Dans le Mexique, comme dans d'autres pays tropiques de l'Amérique, on observe sous le même degré de latitude une grande variation de climat et de température, selon la hauteur où l'on se trouve au-dessus de la mer: on appelle terre chaude la côte et les pays bas, terre tempérée les pays de 4, 5 à 6 mille pieds; et terre froide, ceux de 8, 10, 12 mille pieds au-dessus du niveau de la mer. Souvent une terre est chaude ou froide, selon son exposition au sud ou au nord, indépendamment de son élévation.

toute la montagne a été coupée en terrasses soutenues par de fortes murailles; on en découvre encore çà et là des vestiges. Le monument lui-même, dont il n'existe actuellement que le premier corps et un commencement du second, occupe un espace de 4225 pieds carrés. Malgré cet état de ruine, je puis en donner une explication très étendue; car de vieux habitans prétendent l'avoir vu encore en très bon état, et qu'on l'avait dégradé successivement en enlevant des pierres destinées à la construction des campagnes dans les environs. Ces pierres sont en porphyre bleu, que l'on ne trouve qu'à une très grande distance de là; il paraît que les Indiens n'étaient pas si ignorans en mécanique qu'on le croit, ayant pu transporter des masses aussi considérables. J'ai trouvé une pierre isolée, de 13' de long sur 4' 1/2 de base, et 2 pieds 7" de hauteur; ne connaissant pas le fer, ils ont dû employer bien du temps et de la patience à la coupe et à la sculpture. Cinq corps placés l'un sur l'autre formaient toute la pyramide, comme on le verra, par la restauration que j'en donne dans cette livraison. Le grand escalier, situé au nord, ne conduit que jusqu'à la seconde assise, qui était creuse; trois portes conduisaient dans son intérieur, lequel renfermait probablement le dieu qu'on y adorait. Plusieurs personnes m'ont assuré qu'il y avait, au sommet, un homme couché, dont un aigle rongeait le cœur; ce qui rappellerait la fable de Prométhée. Je n'ai trouvé aucun vestige de ce groupe. Tout le monument paraît avoir été orné de figures et d'hiéroglyphes que je ne saurais analyser. Les bas-reliefs sont plats et de 4" de saillie. J'ai trouvé, dans des coins non exposés aux pluies, des restes coloriés; ce qui me fait croire que tout était peint autrefois. Au milieu de la pyramide, il y avait un tube qui la traversait du haut en bas en ligne perpendiculaire, et qui, en se prolongeant à travers la montagne, conduisait les rayons du soleil, lors de son passage au zénith, à-peu-près à 100 pieds au-dessous du temple, dans un souterrain où ils arrivaient sur une espèce d'autel : c'était apparemment la fête de la divinité de ce temple. Cette caverne a deux sorties du côté N. N. O. de la montagne; l'une d'elles est tombée en ruines; elles sont, comme la partie où se trouve l'autel, sculptées grossièrement dans le rocher. Voyez plans et coupe de la montagne dans la 3e livraison.

C. Nebel inv.

RESTAURACION DE LA PIRÁMIDE DE XOCHICALCO.

RESTAURATION

DE LA PYRAMIDE.

On voit ici le monument tel qu'il a dû exister, d'après les notions qu'on m'en a données sur les lieux, et les conjectures établies sur ce qu'il en reste encore.

Le premier corps est tel qu'on le voit, en supposant que le côté droit, tombé en ruines, ait été pareil au côté gauche. Le grand escalier ne peut avoir été élevé que jusqu'au second corps, à en juger par la position des portes qui se trouvent encore indiquées sur les ruines de ce dernier. J'ai suivi l'angle d'inclinaison du premier et du second corps, pour établir les trois autres, dont il ne reste que les décombres, et j'ai diminué chacun d'eux à proportion de sa base.

Les ornemens du premier corps sont tels qu'on les voit aux ruines; ceux du second également fidèles quant aux deux coins; mais les alentours des portes ont été composés, en conservant le caractère du monument. Pour les autres corps, je me suis servi, en partie, des vestiges des ornemens trouvés sur place, comme on le verra dans les détails que j'en donnerai en grand dans la troisième livraison. Quoiqu'il y ait lieu de présumer que ce temple a été consacré à Tonatiu (le soleil) lui-même, cette supposition n'étant pas assez fondée, je n'ai pas voulu orner la pyramide de la statue de ce dieu, qui, sans cela, aurait trouvé une place très convenable dans la porte du milieu du second corps. Je n'ai pas non plus mis le groupe de l'homme et de l'aigle sur le sommet, n'ayant aucune notion sur sa forme et son caractère; son existence même étant fort douteuse.

PLAN DE LAS RUINAS DE LA QUEMADA
Cerca de Villa nueva

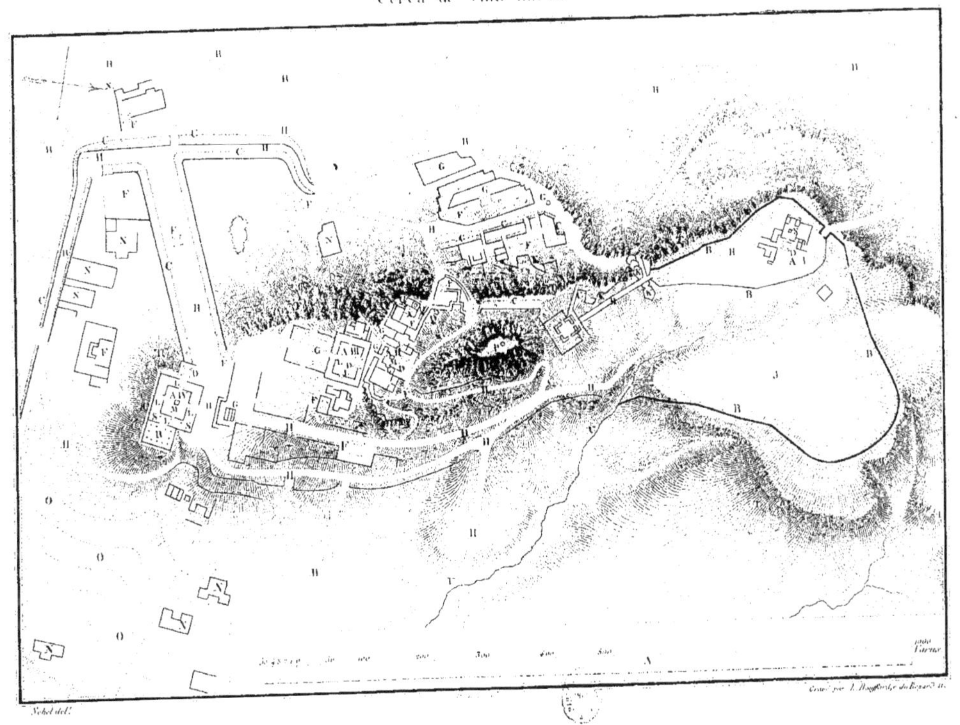

LAS RUINAS

DE L'HACIENDA LA QUEMADA

CERCA DE VILLA NUEVA EN EL ESTADO DE ZACATECAS.

LES RUINES PRÈS DE VILLA NUEVA, A UNE QUINZAINE DE LIEUES SUD DE LA CAPITALE DE L'ÉTAT DE ZACATECAS.

Cet endroit, habité sans doute pendant quelques années par les peuples d'Aztlan dans leur marche vers Anahuac, offre, quant à l'ensemble, ce que j'ai trouvé de plus intéressant dans tout mon voyage; car quoique on n'y voie au premier abord que des murailles et des monumens renversés, on découvre bientôt l'existence d'une ville assez considérable. C'est au milieu de cette ville, dont on ne trouve plus que des fondemens, que s'élevait la montagne représentée en plan et en paysage. C'est une seconde Acropolis; la partie nord ressemble à un retranchement militaire, par les fortes murailles et des espèces de batteries en terrasses qui l'entourent. La partie sud paraît avoir été destinée exclusivement au culte, car on n'y voit que des temples l'un à côté de l'autre et des ruines de petites maisons qui étaient probablement des habitations de prêtres. Cette partie n'avait presque pas besoin de murailles, car étant située sur un roc très à pic, elle se trouvait garantie contre toute attaque par sa position naturelle.

DESCRIPTION DU PLAN.

A I, A II, A III et A IV. Temples et dépendances.

B. Murs d'enceinte.

C. Murs inclinés pour soutenir les terrains d'en haut.

D. Pyramides dans l'intérieur des temples.

E. Pyramides isolées.

F. Ruines d'habitations, etc.

G. Escaliers.

H. Chemins.

J. Grande place qui pouvait servir de place-d'armes.

K. Fortifications.

L. Petits escaliers pour descendre des gradins dans la cour des temples.

M. Petits autels.

N. Vieilles fondations.

O. Terrain formé en terrasses.

P. Une croix moderne sur le sommet de la montagne.

Q. Puits.

R. Habitations dont le plancher était soutenu par des colonnes. (1)

S. Deux colonnes, qui font supposer ici un corridor ouvert. Ces colonnes sont comme les autres de l'endroit, R, en maçonnerie; elles ont 5 pieds de diamètre, et sont les seules que j'aie jamais vues; cependant il paraît qu'on en a trouvé dans les ruines de Chiapas et de Guatemala.

T. Rocher.

U. Ruisseau.

V. Échelle; une vare mexicaine a 31 pouces (pied de roi) ou 0m, 839.

(1) Dans les fouilles que M. Garcia, gouverneur de Zacatecas, fit faire en l'année 1831 et auquel nous devons ce plan exactement relevé par M. Deberges, on a trouvé dans l'intérieur d'une habitation, X, une colonne soutenant encore une poutre du plancher, ce qui fit aider à connaître la façon de leur toiture construite avec des pierres plates, soutenues par des poutres, comme on le trouve encore de notre temps dans toute la République où il y a des édifices en pierre; excepté dans quelques villes sur la pente des Cordillères où les pluies continuelles ne permettent pas des toitures plates.

C. Nebel del. Emile Lassalle lith.

INTERIOR DEL TEMPLO A E DEL PLAN

de las ruinas de la Quemada.

INTERIOR DEL TEMPLO

A II DEL PLAN.

Nous nous trouvons sur les gradins de l'intérieur du temple A II du plan, entouré de murailles. Trois escaliers descendent à l'endroit où s'élève la pyramide Teocalli (Maison de Dieu); c'est au sommet de ces pyramides qu'on plaçait la divinité devant laquelle étaient immolées les victimes destinées au sacrifice; on se servait pour cela ordinairement des prisonniers de guerre; cependant il y avait des divinités, comme Tezcatlipoca, dieu du soleil et autres, qui demandaient des sacrifices plus recherchés : c'étaient des jeunes gens qu'on élevait expressément pour cela, et qu'on soignait et nourrissait bien, pour qu'ils fussent gras et bien portans, sans quoi on ne les croyait pas dignes de leur haute destination.

Quelque temps avant de les sacrifier, on leur prodiguait beaucoup d'honneur et de plaisir; ils allaient vêtus comme la divinité devant laquelle ils devaient mourir et on leur donnait même des jeunes filles pour concubines. Les enfans qu'ils procréaient, étaient élevés par les prêtres; ils faisaient le service dans les temples et on les utilisait plus tard comme concubines ou sacrifice, selon la nature du sexe. Toutes les divinités ne demandaient pas des sacrifices humains, il y en avait qui se contentaient d'oiseaux et de fleurs ou de fruits.

Ce Teocalli n'étant pas assez grand pour qu'on eût pu faire les sacrifices sur son sommet même, il paraît qu'on se servait pour cela du petit autel que nous voyons devant nous au premier plan, avec des marches autour pour y aborder. Derrière le Teocalli, on aperçoit des gradins qui conduisent dans le haut de la montagne, et qui en même temps pouvaient servir aux spectateurs de la cérémonie.

Les pierres pour la construction de toute la ville sont tirées de la montagne même et sont de nature basaltique; elles sont de grandeur différente, mais pas assez pesantes qu'un homme n'ait pu les mettre en place. Les murs varient également en dimension selon l'exigence des lieux; j'en ai trouvé qui servaient pour soutenir les terrains du haut, et qui avaient 22 pieds d'épaisseur. Le mortier dont on se servait, a été tellement altéré par les pluies, qu'il a tout-à-fait disparu de la surface des murs, de façon qu'au premier coup-d'œil on croirait qu'il n'en a jamais existé, et il faut abattre les pierres ou creuser les murs à trois ou quatre pouces pour le trouver; et comme là il a conservé souvent beaucoup de dureté, on pourrait croire que ces ruines sont d'une haute antiquité, et qu'elles existaient déjà long-temps avant l'émigration des peuples d'Aztlan; cependant je me rappelle avoir vu le mastic dont se servaient les Romains, encore assez bien conservé en dehors des plus vieux monumens; c'est que probablement il était meilleur que celui dont nous parlons, lequel était composé d'un mélange de gluten, de plantes et de terre, mais sans chaux. J'en avais enlevé un morceau pour le décomposer, mais il s'est malheureusement écaillé en route; en tout cas ce n'eût été qu'un mauvais chronomètre.

à trois ou quatre pouces pour le trouver; et comme là il a conservé souvent beaucoup de dureté, on pourrait croire que ces ruines sont d'une haute antiquité, et qu'elles existaient déjà long-temps avant l'émigration des peuples d'Aztlan; cependant je me rappelle avoir vu le mastic dont se servaient les Romains, encore assez bien conservé en dehors des plus vieux monumens; c'est que probablement il était meilleur que celui dont nous parlons, lequel était composé d'un mélange de gluten, de plantes et de terre, mais sans chaux. J'en avais enlevé un morceau pour le décomposer, mais il s'est malheureusement écaillé en route; en tout cas ce n'eût été qu'un mauvais chronomètre.

C. Nebel del.

HACENDERO.

Propriétaire de domaine, se promenant avec sa fille et suivi d'un domestique, rencontre son administrateur et lui adresse la parole.

Le bourgeois est en grande tenue; sa mise n'est autre que celle que nous avons déjà décrite dans le premier cahier; et toute la différence de celle-ci à l'autre ne consiste que dans la richesse des étoffes. Le chapeau de castor est orné de gros galons d'or; le haut du manteau est en velours et or; en dessous du manteau il porte une veste courte brodée d'or ou d'argent comme le pantalon retenu par une ceinture rouge avec des galons d'or au bout. Les botas, ou cuir, qui enveloppent les jambes sont brodées en soie et or sur un fond d'argent. Selle, étrier et brides correspondant en richesse à la mise du cavalier. Les dames montent à cheval avec une grande assurance; elles portent ordinairement un chapeau de castor très léger, ombragé par de belles plumes noires; leurs cheveux, arrangés en nattes, sont attachés derrière, ou pendent le long du dos; elles sont sans corset, et la petite veste à la turque, brodée d'argent, renferme tout le buste et relève la beauté de la gorge à moitié couverte par le châle léger, tombant sur les épaules en forme d'écharpe; le jupon, peu différent de ceux que nous avons déjà vus chez les Poblanas, est soutenu par une ceinture en crêpe de Chine rouge. Il est inutile de parler de la mise des autres personnages; le dessin indique tout; dans la couverture en cuir qui couvre la croupe du cheval de l'administrateur, on se rappelle à la première vue le temps de la chevalerie, où l'on armait le cheval autant que le cavalier. Cette machine, qui doit servir d'ornement selon le goût des gens du pays, est d'une grande gêne pour l'animal et lui ôte sa grâce naturelle, en cachant ses belles formes.

TAMPICO DE TAMAULIPAS.

Port de mer à cent lieues nord de Vera-Cruz, n'existe que depuis dix ans, et doit sa création à la mauvaise situation de l'ancienne ville auprès d'une lagune, à une lieue de distance dont les eaux basses ne permettaient pas aux bâtimens d'approcher; il fallait donc qu'ils restassent dans la rivière que nous voyons dans le tableau; ce qui occasionait des frais de déchargement considérables. Joignons à cela la position malsaine auprès d'un lac dont la chaleur brûlante du climat fait monter des vapeurs pestilentielles. On ne peut donc que bénir celui qui a conçu le premier l'idée de construire une autre ville sur les bords de la rivière même, où elle apparait sur une petite éminence bien aérée entourée de forêts vierges et de prairies couvertes d'une verdure éternelle.

Tampico est, après Vera-Cruz, le premier port de la République, et s'il arrivait que les états du nord, qui sont les plus riches, vinssent à se détacher de la confédération, elle pourrait bientôt devenir, par sa proximité, le port le plus important pour l'approvisionnement de ces provinces.

Le spectateur se trouve dans le tableau sur une petite hauteur du côté droit de la rivière, à trois lieues de la mer, à laquelle il tourne le dos. La rivière monte à gauche vers Panuco qui lui a donné le nom qu'elle porte. A travers des prairies à gauche est un petit canal qui conduit à la lagune de l'ancien Tampico. Une autre lagune décharge ses eaux dans celles du fleuve derrière la nouvelle ville, qui actuellement peut compter 4,000 habitans, et dont la population augmenterait plus vite encore, si la fièvre jaune, qui se fait sentir de temps en temps, n'en détruisait pas toujours une partie.

PUEBLA DE LOS ANGELES.

C'est dans une vallée magnifique et renommée par sa fertilité à 2,200 mètres au-dessus du niveau de l'Océan que se trouve la grande et belle ville de Puebla de los Angeles, à une distance de 28 lieues de la capitale vers la Vera-Cruz. Cette ville a beaucoup perdu de sa richesse depuis l'indépendance; car sa principale industrie consistait dans ses fabriques de draps, qui ont toutes cessé d'exister depuis qu'on a ouvert les ports au commerce et aux produits étrangers dont elles ne pouvaient pas supporter la concurrence. Cependant comme lieu de transit pour la capitale, sa position est trop favorable pour qu'elle ne maintienne pas toujours au rang des premières villes de la République. Elle a été construite sur un plan moderne comme Mexico, et ne lui cède rien en beauté. La place principale rappelle en quelque sorte celle de Saint-Marc à Venise, mais elle est bien plus grande, et la cathédrale qui se trouve dans son enceinte peut être mise à côté des églises les plus renommées en Espagne et en Italie; elle est la première du pays sous bien des rapports. Outre ce monument, on aperçoit un grand nombre d'autres églises, couvens et bâtimens publics. Les rues sont larges et ornées de trottoirs; les maisons d'une construction solide et souvent élégante; mais la ville est triste et morne. On remarque par-ci par-là des carreaux cassés comme dans les palais à Venise, ce qui annonce qu'ils ne sont plus habités. Ses habitans ne sont pas des plus traitables; on déteste l'étranger, et le peuple lui jette souvent des pierres quand il traverse la ville. Puebla a toujours été le siège d'un évêque, ce qui lui attirait un nombreux clergé, qui n'étant pas trop porté en faveur des étrangers a influé sur l'esprit du peuple, lequel déjà indisposé contre eux à cause de la destruction des fabriques, est devenu leur ennemi juré, ce qui donne lieu à bien des vexations et souvent à des évènemens graves et fâcheux. Il faut espérer que d'après les idées libérales que les habitans ont montrées à l'occasion des mouvemens politiques dans les dernières années, le peuple commencera à s'éclairer et à revenir de ses erreurs et de son aveuglement. On se trouve, dans la vue que nous donnons, à une extrémité à l'est de la ville, parmi des restes d'anciennes petites maisonnettes, habitées autrefois peut-être par des ouvriers en drap. On a toute la ville devant soi dans la plaine, dominée par quelques hauteurs à gauche qu'on a eu soin de fortifier; la cathédrale se trouve au milieu du tableau et entre les deux montagnes de neige, la Popocatepetl et l'Itztaçihuatl, qui restent à une distance de 15 lieues et qui, à cause de la pureté de l'air, paraissent se trouver tout près. Leur hauteur est de 5635 mètres. C'est à cause de ces montagnes que j'ai choisi ce point de vue; car quoique les hauteurs à droite me promissent plus de détails sur la ville même, j'en ai fait volontiers le sacrifice pour conserver ce fond magnifique et rare, qui malheureusement ne produira pas autant d'effet en lithographie que dans la nature.

[illegible]

Traje por la mañana.

LA MANTILLA.

Ce costume étant tout-à-fait espagnol, il sera inutile d'en parler; j'observerai seulement que la mantille ne se porte que le matin, et toute dame du bon ton doit en être parée. Aux jours de grandes fêtes on change quelquefois le voile noir contre un blanc. Après dîner, on s'habille à la française; mais comme les dames ne portent pas de chapeaux, elles ne peuvent sortir qu'en voiture; le soir, on se permet d'aller nu-tête.

Le Mexique n'est pas précisément le pays des beautés; les femmes sont petites, et le nez comme la bouche se rapprochent du type indien. Mais elles ont pour la plupart de beaux yeux, la gorge et la taille bien faites; leurs pieds sont de vrais modèles; aussi ont-elles bien soin de ne pas trop les couvrir dans leur chaussure. Elles marchent d'un pas lent, et leur attitude gracieuse a quelque chose d'attrayant qui impose tout à-la-fois l'admiration et le respect. Avec un air de gravité, qui ne se montre chez elles qu'à l'extérieur, elles ont beaucoup d'aménité et méritent, à cet égard, d'être comparées aux plus aimables Européennes.

La Mexicaine est d'un caractère doux et affable; toujours calme et modeste dans la conversation, elle s'entretient d'un air dégagé et naturel avec une personne qu'elle verrait pour la première fois; elle aime beaucoup la toilette et les plaisirs, mais elle se sacrifierait pour son mari et sa famille.

ZACATECAS.

La capitale d'un des états du nord, à 170 lieues de Mexico, est importante, non pas par sa grandeur, car elle ne compte guère plus de 15 mille âmes, mais par ses nombreuses mines dont plusieurs sont riches; nous en parlerons dans l'article suivant.

Cette ville est en même temps, comme toutes les petites capitales des différens états de la confédération mexicaine, un centre de grand commerce, soit de transit, soit de dépôt pour tout l'état.

Toutes les marchandises transportées à Durango et autres provinces du nord, venant de Mexico, passent par là, et tous les habitans de l'état viennent s'y approvisionner des articles européens, ce qui rend la ville très gaie. Ceux qui ne savent pas que tout ce monde qu'on voit dans les rues vient du dehors, se demandent, s'il y a de quoi les loger. Aussi arrive-t-il très souvent qu'on ne trouve pas de place dans les hôtels. (1)

Zacatecas est située dans un ravin, entouré de montagnes sans aucune végétation, à une hauteur de 2,500 mètres au-dessus du niveau de l'Océan, et quoique cette hauteur égale presque celle de Mexico, le climat est bien plus froid et souvent désagréable par les pluies et les courans d'air occasionés par les montagnes. La vue que nous soumettons au public, représente la place principale avec la paroisse sur la cime de la montagne; à droite on aperçoit un couvent. Dans une vue générale de la ville, que nous donnerons plus tard, et qui formera une planche très pittoresque, on aura encore une meilleure idée de sa position.

(1) Un hôtel dans le Mexique est une maison où les hommes sont logés comme en Angleterre les chiens de chasse; on donne au voyageur une chambre à quatre murs mais sans fenêtre; une méchante table et un banc en font tout l'ameublement. Arrangez-vous, Messieurs! celui qui n'apporte pas de lit, peut se coucher par terre. Comme en rentrant le soir on vous donne bien une chandelle mais pas de chandelier, on a l'usage de la coller contre le mur. La nourriture qu'on y donne n'est pas plus soignée que le reste. Il s'est établi quelques hôtels étrangers dans le pays depuis peu d'années.

C. Nebel del.

[illegible] DE ZACATECAS

VETA GRANDE.

A deux lieues de Zacatecas, est une des mines les plus productives du Mexique. Ce n'est pas une seule mine, mais un seul grand filon qu'on a creusé dans vingt-et-un endroits, ce qui fait autant de mines différentes; sa direction est de l'est à l'ouest en parcourant un espace de deux lieues environ. On a travaillé les mines de Veta-Grande comme la plupart des mines de Zacatecas, peu de temps après la conquête espagnole. Elles avaient d'abord plusieurs propriétaires, mais dans le siècle dernier, l'épuisement des eaux étant devenu difficile et fort coûteux, il se forma une compagnie pour l'exploitation des mines comprises entre celles de Cata-de-Juanés et de Desgadillo. Les richesses qu'on a retirées de ces mines sont immenses, mais il est impossible d'établir un compte exact de leurs produits. M. Burkart, auteur d'un ouvrage minéralogique et statistique sur le Mexique, et directeur des travaux des mines de Veta-Grande depuis l'année 1828 jusqu'à l'année 1833, s'est donné la peine de faire des recherches sur cette matière; mais il n'a pu remonter au-delà de 1790. En voici le résultat qu'il a bien voulu me communiquer : Depuis cette époque jusqu'à la fin de 1833, c'est-à-dire durant une période de 44 ans, les mines de Veta-Grande ont produit 3,895,171 marcs d'argent, qui, à raison de 8 3/4 piastres le marc, équivalent à 34,082,746 piastres fortes d'Espagne. Les productions d'année en année étaient très variées, et différaient quelquefois de un à deux millions d'une année à l'autre.

Lorsque la compagnie anglaise, qui travaille actuellement les mines de Veta-Grande, en fit l'acquisition pour un certain nombre d'années, les mines ne donnaient pas de profit tout en produisant encore 65 à 66,000 marcs d'argent; mais deux années après les produits surpassèrent la valeur d'un million. Dans la troisième année et les années suivantes elles montèrent à plus de deux millions, et c'est ainsi que depuis la fin d'avril 1826 jusqu'à la même époque 1834, ce produit a été de 13,862,609 piastres. Malgré cela les bénéfices n'ont été que de 4,468,152 piastres. Quand on pense que ces mines avaient presque été abandonnées par les propriétaires depuis le commencement de l'indépendance, on ne sera pas étonné de voir que les dépenses pour la reconstruction des machines, des bâtisses d'administration, l'épuisement des eaux (montées à 3 et 400 vares dans quelques mines) etc., etc., joints aux dépenses ordinaires, aient absorbé les deux  tiers du produit pendant ces huit années.

Ce sont ces frais exorbitans, auxquels étaient sujettes toutes les mines acquises par des compagnies étrangères, depuis l'année 1824, qui ont fait perdre tant de capitaux; mais très souvent aussi le peu de connaissance du pays, la mauvaise direction et administration de la part des employés, et leur mésintelligence avec les propriétaires dont les intérêts n'étaient pas toujours ceux des entrepreneurs, voilà les causes de l'anéantissement successif des compagnies. Ceux de nos lecteurs qui voudraient se procurer plus de détails sur ce sujet, les trouveront dans l'ouvrage de M. Burkart.

Le tableau que nous avons devant nous représente l'établissement principal de la Veta-Grande, habité par la compagnie. A droite, on voit un petit village entièrement occupé par des gens attachés aux travaux des mines; tout est d'un aspect triste et froid; les montagnes sont arides et dépourvues de toute végétation, et tout en fouillant des monceaux d'or et d'argent sous ses pieds, on ne trouverait pas un arbre pour se mettre à l'abri du soleil; on dirait que la nature n'a pas voulu prodiguer aux habitans trop de biens à-la-fois.

VISTA GENERAL DE LAS RUINAS DE LA QUEMADA.

VISTA GENERAL

DE LAS RUINAS DE LA QUEMADA

CERCA DE VILLA NUEVA.

VUE GÉNÉRALE DES RUINES DE LA QUEMADA.

La vue est prise du côté sud de la Hacienda-la-Quemada (1). On voit la montagne raccourcie et sans pouvoir rien distinguer; on ne découvre qu'une masse de ruines les unes sur les autres jusque presque au sommet.

La partie A I du plan se trouve à gauche, celle de A II et A III, au milieu, est la plus élevée; à droite, les colonnes qui dépassent les murs font reconnaître la partie A IV.

(1) Hacienda signifie grande propriété, domaine.

CHOLULA.

La pyramide de Cholula est le plus grand, et le plus ancien Teocalli connu d'Anahuac (ancien Mexique). Elle se trouve à vingt-huit lieues Est de Mexico, dans la vaste et belle plaine de la Puebla, élevée de 2,200 mètres au-dessus du niveau de l'Océan, et qui renfermait autrefois dans son enceinte, outre le chef-lieu de la république de Cholula, ceux de Tlascala et Huexocinga. Le Popocatepetl et l'Iztaccihuatl, deux montagnes couvertes d'une neige éternelle, au milieu de la zone torride, forment avec le pic de Telapon une petite chaîne de montagnes qui sépare cette vallée de celle de la capitale.

Cholula, que Cortès, dans ses lettres à Charles-Quint, compare aux premières villes d'Espagne, à présent ne compte pas même cinq mille habitans. Il paraît que les Espagnols, malgré l'esprit de destruction qui les dominait, ont voulu lui conserver le nom de Ville-Sainte qu'elle avait autrefois, en y construisant un grand nombre d'églises et de chapelles, dont le nombre s'élève à plus de vingt. Il se peut aussi que ces constructions aient eu un but politique; car en rétablissant, sur les mêmes lieux où ils se trouvaient avant, des temples ou églises, tels que la chapelle sur la grande pyramide; en la consacrant même sous d'autres formes, à un autre dieu que le leur, les Indiens ne perdaient pas l'habitude de se rendre aux lieux où ils allaient jadis faire leurs prières; et soit qu'en entrant dans les temples chrétiens la première génération ait secrètement vénéré les anciennes divinités il suffisait de les y amener pour que la seconde ou troisième génération y adorât le dieu chrétien.

La pyramide dont nous voulons parler ici ressemble dans ce moment plutôt à un monticule naturel qu'à un monument de l'art, tant la main destructive des premiers conquérans et l'action du temps ont fait disparaître sa forme primitive! Elle avait quatre assises superposées comme par terrasses, dont on distingue avec peine les anciennes arêtes. Les Espagnols ont construit une petite église sur son sommet, et pour y parvenir facilement ils ont dû creuser un chemin qui n'a pas peu contribué à la ruine du monument. La base de cette pyramide a plus du double de celle de Chéops, en Egypte; elle compte quatre cent quarante mètres de longueur de chaque côté, tandis que sa hauteur actuelle n'est que de cinquante-quatre mètres; et quand même nous supposerions que le temps en ait dissimulé une partie, car Torquemada lui donne soixante-dix-sept, Betancourt soixante-cinq, et Clavigero soixante-et-un mètres de hauteur, cette élévation est toujours bien insignifiante en comparaison de l'étendue de sa base; mais en examinant l'édifice, nous trouvons dans le matériel dont il est composé la raison de cette construction : ce sont des briques non cuites, alternant avec des couches d'argile; et certes, ce n'est pas là un matériel assez solide pour des constructions à pic, à moins qu'on ne veuille les voir s'écrouler au bout

de quelques années. Il paraît que ce Teocalli, comme ceux du soleil et de la lune (1) à Téotihuacan, à sept lieues nord-est de Mexico, et celui de Tlascala, à trois lieues nord de Cholula, servait aussi de sépulture aux rois et grands personnages.

C'est l'opinion des indigènes, et la conclusion que l'on tire des cavités qui se trouvent dans l'intérieur, et dont on a découvert une il y a plus de 30 ans, lorsque, pour l'alignement de la nouvelle route de Mexico à Puebla, il fallut creuser une partie de la première assise. Cette cavité était de forme carrée, construite en pierre; le haut était soutenu par des poutres en cyprès chauve; elle renfermait deux cadavres, des idoles en basalte, et beaucoup de vases peints et polis. Sans se donner la peine de conserver ces objets, on vérifia cependant que cette case n'avait aucune issue.

M. de Humboldt, lors de son séjour à Cholula, en put encore reconnaitre les restes, et en parlant de la couverture, il dit avoir observé une disposition particulière des briques tendant à diminuer la pression que le toit devait éprouver : « Comme les indigènes ne savaient pas faire de voûtes, ils plaçaient des briques très larges horizontalement de manière que celles de dessus dépassassent les inférieures : il en résultait un assemblage par gradins, qui suppléait en quelque sorte au cintre gothique, et dont on a aussi trouvé des vestiges dans plusieurs édifices égyptiens. »

Il serait à désirer qu'on creusât la pyramide en différens sens, peut-être y trouverait-on des objets bien curieux; il est même étonnant que les Espagnols ne l'aient pas fait dans l'espoir d'y trouver de l'or, comme dans la fameuse Huaca de Toledo, tombeau d'un prince péruvien, où l'on trouva cinq millions de francs en or massif. J'ai déjà observé qu'une partie de la pyramide est coupée par la grande route, et comme une ligne horizontale dans la nature paraît toujours moins grande qu'une ligne verticale, on ne s'étonnera pas que notre dessin, tout exact qu'il est, ne présente pas tout-à-fait l'idée des dimensions données.

(1) *Voyez* M. Alexandre de Humboldt, *Vues des Cordillères*, tome I, page 100.

INDIOS

DE LA CIERRA DE GUAUCHINANGO.

C'est à l'occasion de ce premier costume d'Indiens montagnards, représenté dans cet ouvrage, qu'il sera nécessaire de dire deux mots sur cette caste qui forme à-peu-près les deux tiers de la population du Mexique.

Il ne s'agit plus d'individus qui dévorent leurs ennemis, et qui, sans domicile fixe, mènent une vie errante, se nourrissent de chasse et de pêche. Il ne s'agit pas non plus des Indiens que rencontra Cortes, et dont la civilisation était portée jusqu'à la connaissance de l'astronomie. Les Indiens actuels du Mexique sont des gens trop pacifiques et trop doux pour manger de la chair humaine, et trop indolens pour s'occuper du cours des astres.

Cet abrutissement est le résultat des mesures despotiques adoptées par les conquérans du pays envers ses malheureux habitans.

On commença d'abord par les tuer ou les disperser en tout sens; et quand on les eut affaiblis au point de ne plus pouvoir résister à la volonté de leurs nouveaux maîtres, ces derniers leur imposèrent les travaux les plus pénibles et les plus humilians, de manière que, dans moins d'un demi-siècle, ils furent assimilés à des bêtes de somme. Aux maîtres espagnols succédèrent les maîtres créoles; et ces derniers ont tellement imité la conduite inhumaine de leurs prédécesseurs que les pauvres Indiens n'y ont rien gagné. C'est sur eux que pèsent les travaux aratoires; et on les charge à dos des fruits destinés au marché, à l'instar des ânes qu'ils chassent devant eux au petit trot. Ils vivent dans de misérables villages, ou çà et là dans des hameaux isolés, d'où ils sortent quelquefois le matin pour aller se mettre sous les ordres d'un majordome d'une hacienda voisine, qui les envoie dans les champs, suivis par un domestique à cheval, armé d'un grand fouet à la main, pour leur faire accélérer le pas. Cependant les Indiens sont citoyens comme les créoles, et personne ne peut les forcer à un travail quelconque; mais ils sont tellement abrutis qu'ils se plaisent dans cet état de servitude, et ne songent nullement à améliorer leur position dans la société. On dirait même qu'ils préfèrent l'esclavage à l'indépendance; car tant qu'ils trouvent à s'occuper chez les autres, ils n'iront pas travailler chez eux. Ayant besoin de bien peu de chose pour vivre à leur manière, ils sont d'autant plus paresseux. Si les produits de la campagne abondent, ils vont les vendre à la ville ou au village le plus voisin : le produit, d'abord destiné à leur procurer des vêtemens ou autres objets de ménage, est le plus souvent employé à les *bien* enivrer, de manière à ne plus retrouver le chemin de la maison; c'est ainsi qu'un jour de marché, aux approches des lieux habités, la route se trouve parsemée d'Indiens chancelans, ou renversés les uns sur les autres, hommes, femmes et enfans. Ils restent là toute la nuit, et ne doivent qu'aux avantages du climat celui d'être préservés des suites fâcheuses de leur débauche; le lendemain, ils s'en retournent chez eux très joyeusement pour recommencer le plus tôt possible. Aussi manquent-ils toujours des ustensiles de ménage de la plus mince valeur. Comme *Bias,* ils portent sur leur dos tout ce qu'ils possèdent, et leurs vêtemens sont délabrés et aussi sales qu'eux-mêmes.

D'après ce tableau, on serait peu curieux de voir les costumes des Indiens; mais il faut remarquer que tout ce que j'en ai dit jusqu'à présent, se rapporte spécialement aux Indiens du plateau des Cordilières; si nous parcourons les montagnes qui mènent aux côtes des deux mers, nous trouvons plus d'indépendance et par conséquent moins de vices et plus d'originalité, et en approchant des côtes même, nous rencontrons des Indiens propres, travailleurs, et souvent riches, comme on le verra par la suite.

Le costume actuel est celui des montagnes de Guauchinango, Santa-Maria de Tlapacoya et des pays compris entre ces deux endroits, situés à l'E. N. E. de Mexico, sur la pente des Cordilières. Le costume des hommes est moderne et n'a rien de particulier, mais celui des femmes ressemble beaucoup à ce qu'il était avant la conquête. Les vêtemens sont en coton, et toujours fabriqués par celle qui les porte; il est inutile d'en faire ici la description, on s'en fera une idée suffisante à la vue du dessin. Mais, derrière le groupe principal, on découvre une multitude d'habitans des deux sexes, en admiration sur des hommes qui, pour leur bon plaisir, ont grimpé jusqu'au sommet d'une espèce de mât de cocagne; arrivés là, ils se sont assis sur le grand cerceau qui est mobile comme le pivot placé à l'extrémité du mât, auquel il est attaché par des cordes. D'autres cordes ayant toutes la longueur du mât ont été fixées au-dessous du pivot, et tournées en spirale autour du mât. C'est, parvenus jusqu'au cerceau sur lequel ils se posent momentanément, que chacun des hommes a pris un bout de ces cordes, et, après s'y être attaché par la ceinture, s'est jeté en arrière par-dessus le cerceau, aux grands cris de *bravo* de la part des spectateurs. Leur poids fait tourner, et le cerceau et le pivot, avec un homme dessus, assis ou debout, faisant des mouvemens et des pas de danse selon son adresse. A mesure que ces lutteurs tournent autour du mât, ils s'approchent peu-à-peu du sol, poussant des cris de joie, ou parfois de douleur, car chacun d'eux, armé d'une badine, tâche d'attraper son voisin dans une fausse position, où il est frappé de coups redoublés, ce qui excite l'hilarité bruyante des spectateurs. Ce jeu, d'ancienne origine, a conservé parmi ces montagnards toute son originalité primitive.

AGUAS CALIENTES.

Cette ville, située dans l'Etat de Zacatecas, doit son nom aux eaux chaudes qu'on trouve à une demi-lieue de là, et où l'on se porte comme en Europe, autant pour se divertir que pour rétablir sa santé. Le climat de Aguas-Calientes est fort doux et ses environs charmans; les habitans, d'un caractère affable et hospitalier. Toute la ville est bâtie en briques, cuites uniquement au soleil; elles n'en sont pas moins solides et très durables, grâce à la sécheresse de la température.

Avant la révolution, on fabriquait ici, comme à Puebla, beaucoup de draps; industrie que le commerce avec l'étranger a fait cesser là comme ailleurs. Pendant les années 1829 et 1830, la ville devint un point commercial important par de grands et nombreux établissemens formés par des étrangers venant de Saint-Luis-Potosi, où on leur avait fait éprouver, de la part du gouvernement, de grandes vexations. A Aguas, ils furent reçus à bras ouverts; mais ils eurent plus à se réjouir du bon accueil qui leur fut fait que de l'argent qu'ils y gagnèrent. Les femmes étaient si aimables qu'on ne pouvait pas s'empêcher de donner des crédits presque illimités aux maris. Cette facilité fut généralement prodiguée, au point qu'il en résulta des pertes considérables pour le commerce; et qu'après un séjour de deux à trois ans, les étrangers établis désertèrent successivement le pays.

PAPANTLA.

D'après ce que je viens de dire des habitans de ces contrées, j'ai cru devoir donner une idée du village le plus important de toute la côte du golfe. Il compte huit mille habitans, dont la plupart Indiens; le reste est composé de mulâtres et de blancs. Les Indiens vivent dans des huttes, comme nous en voyons une au premier plan, construites en bamboux et couvertes en branches de palmier. L'intérieur sera bientôt décrit; car, outre le lit en bamboux ou en palmier, recouvert d'une paillasse et entouré d'une moustiquaire, on trouvera tout au plus encore un petit banc ou gros morceau de bois pour s'asseoir, et quelque mauvaise vaisselle en terre cuite pour faire la cuisine.

Les mulâtres et surtout les blancs sont mieux logés, et plusieurs ont de jolies maisons en pierre, dont une s'aperçoit au second plan du tableau. Le village est bâti entre et sur des collines, sans aucune symétrie; toutes les issues sont inclinées, et outre la place principale et l'enceinte de l'Eglise que nous voyons au milieu du tableau, on fait à peine dix pas sur un terrain horizontal; en sorte qu'il est prudent à ceux qui sortent le soir de se munir d'une lanterne.

Tout le village est entouré de forêts; le climat, quoique chaud, est très sain. En hiver, quand les vents du nord viennent à souffler avec leur impétuosité habituelle, à la côte, on respire un air frais ou plutôt froid. Il existe une tradition, parmi les Indiens de ce village, d'après laquelle ses habitans sont des descendans de l'ancienne ville de Tusapan dont nous avons parlé dans la première livraison de cet ouvrage. Quoique cette locomotion vers la côte me paraisse peu vraisemblable, car, à mesure que le pays se civilisait, les Indiens s'enfonçaient de plus en plus dans les montagnes, nous devons cependant respecter ces traditions de bouche, faute d'autres plus positives.

Tous les villages de la côte diffèrent peu l'un de l'autre, quant aux habitans, au climat ou aux produits du sol; ils sont de peu d'importance pour la république. Séparés, par le climat et par les montagnes, des habitans du plateau, ces peuples ne vivent qu'entre eux et que pour eux; aussi la civilisation n'y fait pas de grands progrès.

PAPANTLA.

Pueblo de Indios Totonacos.

BAJO RELIEVOS

DE LA PIRÀMIDE DE XOCHICALCO.

J'avais promis, dans la seconde livraison, le plan et la coupe de la montagne de Xochicalco; mais l'explication précédente ayant suffi pour s'en former une idée, je crois pouvoir sans hésitation supprimer ce dessin qui fera place à un autre plus nouveau et par conséquent de plus d'intérêt. J'adopte ce changement avec d'autant plus de raison que le nombre des planches est déjà très limité, par rapport aux documens les plus intéressans de ma collection.

Je me bornerai donc à la représentation de quelques bas-reliefs du Temple, intéressans surtout par leur caractère particulier qui diffère beaucoup de tout ce que l'on trouve dans le voisinage de Mexico et plus au nord, mais se rapprochant par les grands nez des figures d'une manière très visible des monumens de Chiapas et de Yucatan. Très remarquable encore est le contour du torse et des bras, autant que les jambes croisées, appartenant aux figures assises qui leur donnent plutôt un caractère oriental que mexicain; tandis que le nez, quoique un peu grand, de même que la bouche, portent tout-à-fait le cachet du pays. On remarquera une singulière coiffure sur une des têtes, ornée de grandes plumes qui pendent des deux côtés. Il sera difficile d'analyser les signes ou symboles qui accompagnent l'autre figure, et qui ne paraissent pas avoir été jetés là au hasard: on y distingue le lapin qui figure souvent comme signe des mois et des jours dans leur calendrier, ce que nous aurons occasion de vérifier plus tard.

La hauteur de ces bas-reliefs est de quatre pieds; ils faisaient partie de la frise du premier corps de la pyramide. Les figures ont trois pouces de saillie, comme nous l'avons observé plus haut. La pierre étant un porphyre à gros grains, et tant soit peu poreux, le travail ne peut pas être d'une grande finesse.

GENTE DE LA COSTA

ENTRE PAPANTLA Y MISANTLA.

Habitans de la côte entre Papantla et Misantla, à-peu-près à moitié chemin de Vera-Cruz à Tampico. La contrée la plus fertile de toute la république; et je ne pense pas que, dans d'autres parties du globe, il puisse y en avoir qui la surpasse sous ce rapport.

Située au pied des Cordilières, ce pays est continuellement humecté par les eaux qui descendent de cette grande chaîne de montagnes. Le terrain, naturellement gras et échauffé par la grande chaleur propre à ces régions, ne cesse de produire tout ce que le règne végétal a de plus beau et de plus rare. Jamais, tant que le monde existera, la verdure ne disparaîtra des arbres de ces immenses forêts, qui sont à-la-fois la beauté et la richesse du pays. La vanille, la salsepareille, le piment, la cire, une grande variété de bois de couleur, le bois d'ébène, le bois d'acajou et une quantité incalculable de fruits de toute espèce forment les produits de ces forêts, et offrent des récoltes continuelles et lucratives aux habitans.

Outre cela, on cultive le sucre, le café, le tabac, le coton, le cacao, etc.: tout vient avec facilité et en abondance, sans que l'homme y contribue beaucoup. Pour former, par exemple, un champ de cannes à sucre, on coupe et brûle la forêt; puis, sans nettoyer la place et labourer la terre, on y fait un trou avec un bâton, de distance en distance, pour y jeter quelques grains de semence. Tout ce qui reste à faire plus tard, c'est d'arracher de temps en temps la mauvaise herbe; et, neuf à dix mois après, on récolte le fruit de son travail. La canne coupée repousse au bout de quelque temps, et, pendant sept à huit ans, on n'a qu'à couper et à récolter. Le maïs et d'autres céréales se récoltent deux fois par an; il n'est donc pas étonnant si, comme je le disais plus haut, les Indiens des côtes sont aisés et quelquefois riches. Ils vivent au milieu des forêts entrecoupées par de petites rivières et de grandes et belles prairies qui servent de pâturages à leurs vaches, mulets, chevaux, etc. : ils se tiennent toujours à une distance de trois à quatre lieues de la mer, dont les bords ne sont habités que par des mulâtres, qui font la pêche et le commerce, et qui ne sont guère aimés des premiers.

Je les ai groupés ensemble, dans le présent tableau, pour montrer la mise de l'un et de l'autre. Le mulâtre, monté sur sa mule, s'est arrêté pour acheter des oranges à l'Indien. Une femme indienne, qui

vient chercher de l'eau à la fontaine, passe à côté d'eux et fixe l'attention du premier; elle semble, en tournant la tête vers lui, répondre à quelque propos qu'elle aura entendu prononcer. Le dessin expliquera suffisamment les vêtemens des trois personnages.

Quoique ces gens aient souvent des milliers de piastres à leur disposition, ils ne sont guère mieux logés que leurs camarades du plateau d'en haut, ne possédant rien. Ne sachant que faire de leur argent, ils l'enterrent, jusqu'à ce qu'ils soient excités à l'employer, à l'occasion de quelque solennité de famille. Si cette occasion ne se présente pas, l'argent reste enfoui, et comme l'Indien est naturellement méfiant, même envers sa femme et ses enfans, il arrive souvent qu'à sa mort son argent, dont il n'a pas révélé le lieu du dépôt, disparaît avec lui pour jamais.

VALLE DE MEXICO.

Il peut se trouver dans le monde des capitales situées dans des parages plus fertiles et plus pittoresques; mais il sera difficile de trouver une contrée d'un caractère plus grandiose et plus digne de posséder dans son sein le chef-lieu d'un empire que la vallée de Mexico. J'ai déjà donné une idée de la situation de cette ville, je me bornerai donc à l'explication du présent tableau.

Le spectateur se trouve sur le balcon de l'ancien archevêché, dans le village de Tacubaya. Mexico est dans le fond du tableau; on aperçoit, derrière la ville, le lac de Tescuco par où Cortes entra pour la seconde fois dans la capitale; Tescuco même, et d'autres petits endroits se trouvent de l'autre côté du lac. A gauche, sur un petit monticule, domine un château fortifié, nommé *Chapultepec,* que le vice-roi Galvez avait fait bâtir comme maison de plaisance, mais qu'on n'acheva jamais, parce que la cour d'Espagne, craignant que cette construction n'eût un but politique et ambitieux, en désapprouva la dépense. L'empereur Iturbide en avait fait sa résidence pendant quelque temps; dans ce moment, il sert quelquefois de caserne; le parc est abandonné, sauf un petit coin dont on a fait un jardin botanique. Plus loin, du même côté, se trouve adossée contre une petite colline l'église de Guadelupe, renommée par les miracles de la vierge.

Dans la vallée à droite, près de la ville, s'élève un monticule appelé le *Peñon;* c'est un ancien volcan, comme il y en a autour de Mexico; on y va profiter des eaux d'une source chaude pour se débarrasser d'un rhumatisme ou autre malaise; mais on revient souvent plus malade qu'on n'était avant, parce qu'on ne peut s'y établir convenablement.

Le premier plan de notre tableau se compose de l'église du couvent des Franciscains avec le jardin de l'archevêché à droite, le reste est formé par quelques bâtisses de peu d'intérêt.

VISTA GENERAL

DE ZACATECAS.

Nous connaissons déjà cette capitale; il serait donc inutile d'y revenir à l'occasion de la nouvelle planche qui nous en donne un aspect général.

LA FONTANA A TUSAPAN.

C'est parmi les ruines de Tusapan, dont j'ai parlé plus haut, que nous trouvons cette fontaine bizarre. Une figure de dix-neuf pieds de hauteur, et dont le vêtement indique le sexe féminin, est sculptée grossièrement dans un rocher de basalte, tenant la tête appuyée sur le bras gauche; cette tête était ornée de plumes avec un large bandeau autour du front. Entre les plumes, au milieu de la tête, était un trou destiné à recevoir l'eau d'une source voisine; cette eau, après avoir traversé toute la figure dont elle sortait de la manière la plus naturelle, était conduite plus loin dans des caveaux en pierre, pour pourvoir aux besoins des habitans.

Sans les mutilations qui ont altéré jusqu'aux formes de cette statue, on aurait peut-être pu reconnaître la Divinité qu'on a voulu représenter. Si ce n'était pas une femme, j'aurais cru y voir un des Tlaloc, dieux des eaux; mais dans l'état où elle est, elle suffit à prouver que l'art chez ces peuples avait déjà pris assez de développement pour donner plus d'éclat et de magnificence aux lieux publics.

FUENTE ENTRE LAS RUINAS DE TUSAPAN.

RUINAS

EN EL MONTE DE MAPILCA.

C'est en me dirigeant de l'embouchure du rio de Tlapacoya à travers des forêts vierges, pour visiter les ruines dans le voisinage de Papantla, que j'en ai découvert d'autres auprès d'un petit hameau indien, nommé *Mapilca*. Il m'est impossible de dire quelle peut avoir été l'étendue de cette ancienne ville. La végétation a recouvert tout l'ancien sol, et on ne se douterait guère que jamais coup de hache ou de marteau ait retenti dans ces lieux, et qu'une ville entière ait occupé la place de ces arbres que l'antiquité a vus naître et qui couvrent le terrain de leur immensité prodigieuse.

Cependant des pyramides tronquées et renversées constatent assez cette vérité; et les pierres d'une grandeur extraordinaire et souvent sculptées qu'on y rencontre, offrent encore la preuve de son importance et du luxe de ses monumens.

J'en donne une parfaitement bien conservée et toute couverte de bas-reliefs d'un goût très original. C'est un grès de vingt-deux pieds de longueur. Il paraît que cette pierre faisait partie du piédestal d'un grand monument; car, en défrichant et nettoyant les alentours, j'ai découvert une espèce de pavé : ce sont de grandes pierres plates de forme irrégulière dans le genre des chemins antiques autour de Rome.

Je n'ai pas trouvé d'autres vestiges plus remarquables; peut-être y a-t-il encore des monumens entiers et bien conservés; mais, pour les désenfouir, il faudrait abattre une demi-lieue carée de forêts; de telles  opérations surpassent les moyens d'un simple particulier voyageant à ses propres frais; il doit se trouver trop heureux s'il a pu prouver, par ses explorations et ses découvertes architecturales, l'existence d'une ancienne civilisation, dans un pays devenu le refuge des tigres et des lions.

ARIEROS.

C'est ainsi qu'on appelle les conducteurs des mulets destinés au transport des marchandises. Le vêtement de ces hommes est presque entièrement de cuir, à cause du travail dur et pénible qu'ils font toute l'année. Comme il est dans l'intérêt des propriétaires de faire travailler leurs mulets, les pauvres Arieros n'ont guère de repos non plus, pas même dans la saison des pluies, où, après avoir été occupés toute la journée à charger et à décharger, à relever les mulets qui tombent, etc., etc., ils ne trouvent point à se mettre à couvert le soir pour sécher leurs habits mouillés et crottés, ni un bon lit et un bon repas, pour se délasser des fatigues du jour. Campés à la belle étoile, ils sont obligés de faire leur cuisine eux-mêmes; elle est d'une simplicité telle qu'ils n'y emploient que fort peu de temps; puis ils quittent leurs habits, les pendent auprès d'un grand feu, et en s'en approchant, enveloppés dans une couverture de coton, ils tâchent de passer la nuit tant bien que mal. Les Arieros sont en général d'assez honnêtes gens, et surtout d'une grande utilité, comme guides et domestiques en voyage.

PLAZA MAJOR

DE GUANAJUATO.

Guanajuato, capitale d'un état de la Confédération, comptait, du temps des Espagnols, environ 40,000 habitans. Ses mines sont non-seulement les plus riches du Mexique, mais du monde entier; sans excepter celles du Potosi, qui n'ont guère produit que la moitié des valeurs métalliques de ces dernières. La ville, située dans un ravin, entourée de montagnes et de rochers porphyriques, fut fondée l'année 1554. Bientôt la richesse des mines voisines attira du monde de toute part; sa position a dû offrir bien des difficultés pour la construction des maisons et des rues. Tout est montée et descente dans différentes petites gorges de montagnes, ce qui lui donne un aspect sauvage et pittoresque à-la-fois. Ces petites gorges aboutissent à une grande, qu'on appelle la Canada de Marfil; celle-ci reçoit toutes les eaux des montagnes, et les conduit dans une vaste plaine, à quelques centaines de mètres au-dessous de la ville. Guanajuato a beaucoup souffert pendant la guerre de l'indépendance; prise par les insurgés, et reprise par les Espagnols, elle a éprouvé les excès d'une vengeance féroce et sans exemple. On ne se contentait pas d'incendier une partie de la ville et de tuer ceux qu'on trouvait les armes à la main; on assassinait les vieillards, les femmes, les enfans. Les ponts brisés de la Cañada de Marfil étaient remplacés par des corps morts, accumulés l'un sur l'autre; et l'on y voyait couler du sang humain au lieu d'eau. Sur la place principale que nous avons ici devant nous, on marchait dans le sang jusqu'aux chevilles; des milliers de femmes et de filles, après avoir été en proie à l'infâme brutalité des soldats, y furent assassinées d'une manière atroce, comme si on eût voulu exterminer la population tout entière. Jamais Guanajuato n'a pu se relever des suites de cet affreux désastre. Les mines, la principale branche d'industrie, furent abandonnées; en peu de temps elles se remplirent d'eau en si grande abondance qu'on n'est pas encore parvenu à les mettre à sec, malgré l'emploi des machines à vapeur. Pour donner une idée plus réelle de la situation de la ville et des mines principales des environs, nous mettons sous les yeux du public la vue suivante.

C. Nebel del.

PLAZA MAYOR DE GUANAJUATO.

VISTA GENERAL

DE GUANAJUATO.

Le spectateur se trouve sur le cerro de San-Miguel; on ne voit qu'un côté de la ville, dont la plus grande partie est cachée par les montagnes. On reconnaît plusieurs édifices principaux, tels que le théâtre, le gymnase, quelques églises ou chapelles, la caserne, etc. En face, derrière la ville, domine le couvent de Guadeloupe, et plus haut, les mines de Rayas et de Mellado; un peu plus bas, à gauche, dans un fond, on voit celle de Cata, et plus loin encore, dans une situation assez élevée, la fameuse mine de Valenciana. Un particulier, nommé Obregon (plus tard comte de Valenciana), commença à creuser cette mine en l'année 1760; elle ne donna au commencement que de la perte aux entrepreneurs; mais, huit ans après, on en tira des bénéfices considérables; plus tard elle a produit des trésors immenses. Valenciana a donné, depuis le commencement de l'année 1787 jusqu'au milieu de l'année 1791, 1,737,000 marcs argent, ce qui fait, à 8 piastres et demie le marc, une somme de 14,764,500 piastres fortes. Une année ordinaire produisait, pendant cette époque jusqu'à l'année 1803, 4,727,000 piastres; on vendait jusqu'à 27,000 piastres de minerais par semaine, sur quoi il y avait 17,000 piastres de frais à prélever. Les bénéfices pour les actionnaires s'est élevé à 3 millions de francs pendant une quarantaine d'années. Depuis cette époque le minerai, très abondant toujours, est devenu plus pauvre en argent. Dans ce moment tous les travaux ont cessé à Valenciana.

La mine de Rayas est à présent celle qui promet de grands gains aux entrepreneurs; les gîtes métallifères y sont plus riches, quoique moins volumineux qu'à Valenciana. Sur 15 piastres de produit brut, on ne compte que 4 piastres de frais (1). Les principales mines de Guanajuato sont actuellement exploitées par des compagnies anglaises, qui n'ont pas encore à se féliciter des résultats obtenus.

(1) Voyez Alex. de Humboldt, Essai politique sur la Nouvelle-Espagne.

FIGURAS

DE PIEDRA Y DE BARRO

DEL TIEMPO DE LOS INDIOS ANTIGUOS.

N. 1.

Figure de moitié grandeur naturelle, en basalte, assise, représentant un prêtre vêtu d'une peau humaine. Nous savons que les Mexicains offraient à certains de leurs Dieux des sacrifices humains; l'histoire nous dit aussi que les prêtres avaient l'habitude de se revêtir de la peau de ces victimes en diverses occasions; en voici la preuve: on voit très distinctement la peau des mains qui pend le long du bras de l'individu, et le masque de peau qui couvre sa figure, attaché par des cordes derrière sa tête. On découvre également dans la peau le trou que le prêtre sacrificateur avait fait dans la poitrine de sa victime pour lui arracher le cœur destiné à la Divinité; ce trou se trouve cousu. Tout le corps du prêtre est peint en rouge, la peau morte est d'un ton sale entre jaune et gris. Cette figure, qui a été trouvée près de Tescuco, à sept lieues de Mexico, est la propriété d'un particulier; elle peut passer pour le travail le plus avancé de sculpture en fait de figures entières. Jamais je n'en ai vu de cette dimension et de la même matière, dont le dessin et l'exécution indiqueraient un artiste plus distingué. Cependant j'observe que l'on trouve souvent des animaux en pierre dure et polie, d'un à deux pouces de diamètre, dont la perfection ne laisse rien à desirer.

Nebel del.

N. 2.

Figure en terre cuite, grandeur naturelle, représentant une divinité assise, sur le haut d'un Théocalli. Elle repose la main droite sur ses genoux, et dans l'autre elle tient un bouclier; un bonnet rond et aplati d'en haut, des boucles d'oreilles, et un collier de perles au cou, font tout son ornement. Entre les genoux on aperçoit un nœud qui dépend de la ceinture; le paquet attaché derrière le bras droit ressemble à un bouquet de fleurs.

N. 3.

Figure de la même substance, grandeur naturelle, portant un casque et des boucles d'oreilles; un ornement d'une forme singulière lui couvre la poitrine. Elle est assise sur une espèce de tonneau ou cuve, où elle parait endormie. Cette position a peut-être contribué à laisser voir, dans cette figure, le Dieu du vin, Totochti. (1)

N. 4.

Cette figure représente un guerrier portant un grand casque, ou bonnet ombragé d'un beau panache de plumes, et entouré d'une bande de pierres fines au-dessus du front(2). Des boucles d'oreilles et un anneau dans le nez complètent l'ornement de la tête. Dans la main gauche il porte un bouclier; la droite est armée d'une lance.

N. 5.

Autre figure de guerrier, vêtue de la peau d'un coyote, ou loup mexicain. Un panache de plumes lui tombe le long du dos; une ceinture serre le bas-ventre; il est armé d'un glaive et d'un bouclier.

(1) On compte un grand nombre de divinités de cette espèce, qui ont toutes des noms différens.

(2) Ce bonnet est la coiffure des prêtres. La figure représente donc un prêtre armé en guerrier.

PIEDRA DE SACRIFICIO.

Cette pierre, qu'on appelle la pierre de Sacrifice, se trouve actuellement dans le musée de Mexico; elle a été trouvée avec d'autres antiquités sur la grande place devant la cathédrale, où jadis se levait le grand Téocalli. C'est un basalte porphyrique de neuf pieds de diamètre, sur trois pieds d'épaisseur, tout couvert de sculptures, dont je ne saurais donner l'explication en entier; le nombre des signes, présentés sur la surface, n'a aucun rapport avec leur division du temps, et par conséquent il est difficile d'en deviner la signification; peut-être était-elle purement ornementale.

Avant d'immoler le prisonnier de guerre, on l'attachait souvent par un pied au milieu de la pierre; puis on faisait avancer des guerriers mexicains l'un après l'autre, pour le combattre, jusqu'à ce qu'il fût vaincu; aussitôt on se précipitait sur lui pour l'étaler sur la pierre où le prêtre sacrificateur lui ouvrait la poitrine, pour arracher le cœur qu'il offrait tout palpitant à son dieu Huitzilopoctli. Le trou, au milieu de la pierre, servait à écraser les têtes des victimes.

FIGURES EN TERRE CUITE.

N. 1.

On veut reconnaître dans cette figure, Tonatiu, dieu du soleil, assis sur son temple, entouré des rayons du soleil, et armé d'un glaive et d'un bouclier. Une bande de pierres fines couvre le front; de longs orne-

mens pendent des deux côtés de la figure, et un large collier descend jusqu'à la poitrine. Tonatiu est la première divinité après Tezcatlipoca ou Teotl, dieu tout puissant et invisible.

N. 2 ET 3.

Deux figures inconnues; la première est mâle, l'autre femelle; toutes deux sont représentées en grandeur naturelle.

N. 4.

Coatlicue ou Coatlaulona, déesse des fleurs; elle est assise sur ses jambes, laissant tomber les mains sur ses genoux. Un châle, tel que les Indiennes les portent encore, lui tombe par dessus des épaules. Sa coiffure se compose de deux grands panaches de plumes et d'une bande ornée de fleurs, qui lui couvre le front; en dessous de cette bande tombent des rubans le long des deux côtés du visage. Un autre ornement de plumes, en forme de deux éventails, est fixé derrière la tête; on voit les deux bouts s'avancer par dessus les épaules.

TORTILLERAS

Nous voyons ici des femmes, dont l'une Indienne, l'autre Créole, occupées à faire la cuisine; la femme Créole écrase sur une pierre des grains de maïs; il en résulte une pâte, dont l'autre forme une espèce de crêpe ou omelette, qu'elle jette sur une poële en terre cuite pour la faire griller. Ce mets, qui n'a ni sel, ni beurre, sert de pain au peuple dans toute la république. On voit un pot-au-feu où l'on fait cuire un mauvais morceau de viande séchée au soleil. Ajoutez à cela quelques pimens verts, qu'on appelle Chili, et une boisson nommée Pulqué, prise du jus de l'aloès, et vous avez le repas habituel du bas peuple. Les costumes que nous remarquons ici sont ceux des habitans, au sud de Puebla, en descendant dans la terre chaude.

SAN LUIS-POTOSI.

Capitale de l'état qui porte son nom, est située dans une vaste plaine, et entourée du côté sud-ouest d'un petit bras des hautes Cordillières. San-Luis est distante de Guanajuato d'environ quarante-cinq lieues à l'est, et de cinquante au sud de Zacatecas; son éloignement de Mexico est de cent cinquante lieues, nord. La ville est bien construite et très peuplée, sans être grande; elle compte environ 20,000 habitans, se livrant à toutes sortes d'industrie et principalement au commerce. Autrefois San-Luis était citée à cause de ses mines qui pouvaient rivaliser avec celles du Potosi, ce qui lui valut le nom de San-Luis-Potosi. Ces beaux jours sont passés! Et pourtant on continue le travail des mines malgré le peu d'avantage qu'on en retire.

MONTE-VIRGEN.

J'ai déjà donné, à l'occasion de quelques antiquités, une idée des forêts vierges; mais je ne crois pas m'y arrêter trop en lui dédiant une feuille tout entière, d'autant plus qu'elle comprend, outre la nature, la manière d'y vivre et d'y voyager des indigènes. A droite, au premier plan, se trouve un tarro, espèce de bambou. De loin, cette plante parait un beau panache de plumes; elle est très fréquente dans ces lieux, et ses épines pointues et fortes, de la forme d'un croc, sont très dangereuses pour les passans. Nous observons des voyageurs qui travaillent à se débarrasser d'elles. Derrière le tarro s'élève un beau palmier royal. A gauche nous remarquons des habitations d'Indiens; un pont léger construit des branches du tarro, et suspendu en l'air par les lianes qui tombent des arbres voisins, sert aux piétons pour traverser le torrent qui se trouve au milieu du tableau, et que les animaux et tout cavalier doivent passer en s'enfonçant dans l'eau et dans la boue jusqu'au ventre. Après de grandes pluies, il faut le passer à la nage, ce qui est aussi pénible que dangereux.

Dans le lointain, on aperçoit un arbre immense, et des petites huttes devant lui; c'est un figuier sauvage. Il est impossible de se faire une juste idée de ces monstres sans les voir; ils ont une particularité qui est cause en partie de leur énorme étendue : du haut de l'arbre on voit descendre des rejetons et prendre racine tout autour du tronc; peu-à-peu ces nouveaux rejetons grossissent et finissent par former, avec le corps de l'arbre, une seule masse capable de porter une cathédrale. J'ai déjà parlé du produit de ces forêts et de la manière d'y vivre des indigènes. Je m'abstiendrai donc d'amplifier cet article par des observations inutiles.

BAJO RELIEVE

DE LA PIEDRA DE SACRIFICIO.

Les deux bandes représentées sur cette planche forment le bas-relief qui règne autour de la pierre de sacrifice. Ce sont des guerriers mexicains conduisant prisonniers les chefs des différens peuples voisins. On observera le conquérant toujours vêtu de la même manière, tandis que les autres diffèrent autant de lui qu'entre eux-mêmes. Tous présentent au conquérant une fleur ou feuille verte, comme signe de paix et de soumission : tandis que celui-ci les prend par les cheveux, signe de captivité et d'esclavage. On remarquera chez un des conquérans un casque plus grand et plus beau que celui des autres; peut-être a-t-on voulu par là désigner quelque chef ou grand personnage. Il y a parmi les représentans des tribus conquises deux femmes; ceci est un fait curieux, et laisserait à croire que chez ces peuples, les femmes aussi gouvernaient et combattaient.

GRUPO

DE TAMAÑO MEDIO NATURAL

DE LA PIEDRA DE SACRIFICIO.

C'est pour faire voir d'une manière plus distinctive le caractère et le travail de ce bas-relief, que j'en donne ici un détail de moitié grandeur naturelle. On remarquera la colère exprimée dans la figure du conquérant, dont la tête d'aigle sur le devant du casque, signale d'une manière très positive le guerrier mexicain. La figure du captif exprime tristesse et douleur. Tous deux tiennent leurs armes en main, qui consistent en arcs et flèches. La roue en plumes en haut, derrière le prisonnier, est l'insigne de sa tribu. Il serait à desirer qu'on parvînt à connaître par ces insignes, quels étaient les quinze peuples conquis, représentés autour de cette pierre.

Nebel del. L. de Benard et Frey Arnout lith.

GRUPO DE LA PIEDRA DE SACRIFICIO, DE TAMAÑO MEDIO NATURAL.

INDIAS DE LA SIERRA

AL S. E. DE MEXICO.

C'est toujours chez les peuples montagnards, n'importe dans quelle partie du monde, que l'on trouve le plus de luxe dans les costumes et le plus de diversité dans les formes et dans les couleurs. On dirait que cela provient d'une sympathie qui existe entre les hommes et la nature du sol, ou plutôt d'un esprit d'imitation qui porte ceux-ci à reproduire sur ce qui les touche de plus près, la richesse et la variété de la nature qui les entoure. Non-seulement cette nature influe beaucoup sur les goûts de ces peuples, mais elle sert en même temps à leur faire conserver, outre la mise, leurs mœurs, leurs coutumes, leur langue et souvent leur religion primitive, en les tenant éloignés, par les difficultés du terrain, de l'influence vicieuse des grandes villes.

Il est vrai que cette séparation empêche en même temps la propagation des sciences et des lumières, et devient ainsi nuisible à la marche progressive de la civilisation, chose dont les peuples de l'Amérique surtout doivent avoir grandement besoin. Mais, par malheur pour ces peuples indigènes, les lumières répandues dans les villes, habitées par leurs oppresseurs, n'étaient pas destinées pour eux : une politique ignoble les tenait non-seulement dans la plus grande ignorance, mais on se hâtait encore d'avilir et d'abrutir par la servitude tous ceux dont le voisinage permettait de se rendre maître facilement. Heureux donc ceux qui vivaient dans la solitude et loin des grandes cités! Dans le présent tableau, j'ai réuni en groupes le costume de plusieurs cantons tous situés dans les montagnes au S.-E. et à une distance de trente à trente-cinq lieues de Mexico. Le costume des hommes est si peu intéressant en général, qu'il ne mérite pas d'être représenté ; il ne diffère en rien de ceux que nous avons déjà vus plus haut.

GUADALAJARA.

Grande et belle ville, siège d'un évêché et capitale de la province du même nom: l'ancien Michuacan, se trouve entre les provinces de Valladolid, Guonajuato, Zacatecas, et la mer du Sud, à l'entrée du golfe de Californie.

Guadalajara peut avoir 30,000 âmes, tous créoles. Située très agréablement, elle jouit d'un climat plus doux que celui de Mexico; elle est ornée de quelques belles églises et de beaux palais: une grande promenade publique embellit ses alentours. Son aspect, tant extérieur qu'intérieur, ne le cède en rien, excepté pour le grandiose, à la capitale de la République. Il se fait ici beaucoup de commerce avec la Chine par le port de Tepi, qui se trouve à une quarantaine de lieues de là, et par Mazatlan en Sonore.

Le tableau représente la place majeure de la ville. L'architecture intérieure de la cathédrale est d'un style à-la-fois si noble et si riche qu'il existe fort peu de monumens dans le pays qu'on puisse lui comparer.

Pendant mon séjour à Guadalajara on était occupé à la restaurer et à mettre en harmonie l'extérieur (qui se trouve comme nous voyons, défiguré par de vieilles murailles), avec la beauté et la symétrie qui règnent au-dedans. Le palais que nous apercevons à droite est celui du gouvernement; il est d'un caractère noble et sévère; sa façade est la plus belle que j'aie vue en ce genre dans tout le pays. Les arcades qui ornent les deux côtés de la place, renferment des magasins de toute espèce. Une jolie fontaine, qui se trouve au milieu, embellit et anime toute cette masse d'architecture, et le soir, à la brillante clarté de la lune, le murmure de ses eaux porte dans l'âme des promeneurs un charme indicible.

PLAZA MAYOR DE GUADALAJARA.

C. Nebel del

F.co Mialhe lith

[illegible]

desde el pueblo de Tacubaya

VISTA

SOBRE LOS DOS VULCANES DE MEXICO

DESDE EL PUEBLO DE TACUBAYA.

C'est pour donner une juste idée d'un village et de l'aspect de la campagne autour de Mexico que je soumets cette vue au public qui, j'espère, m'en saura gré; car on n'en trouverait guère de plus intéressante et de plus majestueuse dans tout le pays. J'aurais voulu, en donnant le premier tableau de la vallée de Mexico, vu du même village, y faire entrer les deux magnifiques montagnes de neige qui dominent partout et qui donnent un caractère si imposant à cette vallée; mais la chose était impossible, à moins d'en faire un Panorama. J'ai donc changé de position en tournant la vue plus à droite, de manière que Mexico reste à gauche du tableau. Le spectateur se trouve sur la terrasse d'une des maisons du village dont la plus grande partie, avec une petite église au milieu, est déployée devant ses yeux. L'œil parcourt ensuite l'immense et belle campagne entrecoupée par des monticules petits et grands, et des volcans qui autrefois jetaient le trouble parmi les habitans de ces lieux; puis il vient se reposer agréablement au pied de ces montagnes infranchissables dont l'aspect toujours neuf, toujours beau, unique peut-être, produit un effet magique sur le cœur et l'imagination de tout être vivant.

IDOLOS

Y ORNAMENTOS DE BARRO.

Outre les grandes idoles en pierre, les Mexicains en formaient d'autres en terre cuite, en or, en cuivre, etc., etc., comme nous en avons déjà vu dans les planches précédentes. Ils figuraient également de cette manière leurs héros, leurs souverains, leurs prêtres, pour en orner l'intérieur des maisons.

On pense bien que le nombre de ces petites figures se multipliait à l'infini; d'où il résulte qu'à présent il est presque impossible de reconnaitre, dans celles que l'on déterre çà et là, l'individu qu'on a voulu désigner, pas même les divinités les plus connues, car on les représentait souvent de deux ou de trois manières. J'aurais pu donner une cinquantaine de ces figures plus ou moins grandes, plus ou moins intéressantes, mais cela n'aurait fait qu'augmenter le nombre des planches sans rien ajouter à l'intérêt de l'ouvrage. Il suffisait de connaitre en général les personnes qu'on représentait ainsi, et de reproduire quelques spécimens, afin qu'on pût juger du talent des artistes en ce genre et de l'imagination bizarre qui règne dans toutes leurs productions.

Des trois figures que nous voyons ici, il n'y en a guère qu'une dont on pourra indiquer le nom et la qualité: c'est celle qui porte un enfant dans ses bras; elle est la protectrice des enfans, et se nomme Centeotl: c'est une divinité du second ordre, adorée par les femmes enceintes qui lui offraient des herbes et des fleurs. La figure entourée de rayons représente, selon les uns, le soleil à son midi, armé comme un guerrier, d'un glaive et d'un bouclier. Il se tient debout, indiquant par là le mouvement et la vigueur contrairement à celui que nous avons déjà vu plus haut et qui, comme Soleil couchant, est assis pour désigner le repos.

D'autres veulent voir dans cette figure, comme dans celle dont je viens de parler, ainsi que dans la troisième, des dieux des différens vents. Peut-être leur nez en forme de girouette a-t-il contribué à cette définition.

Les ornemens parsemés autour des figures sont des sceaux pour imprimer sur étoffe; ils ont tous des manches du côté opposé. Voilà donc déjà un premier pas vers l'imprimerie, et si ces peuples avaient eu un alphabet, cet art aurait pu être connu en Amérique avant de l'être chez nous.

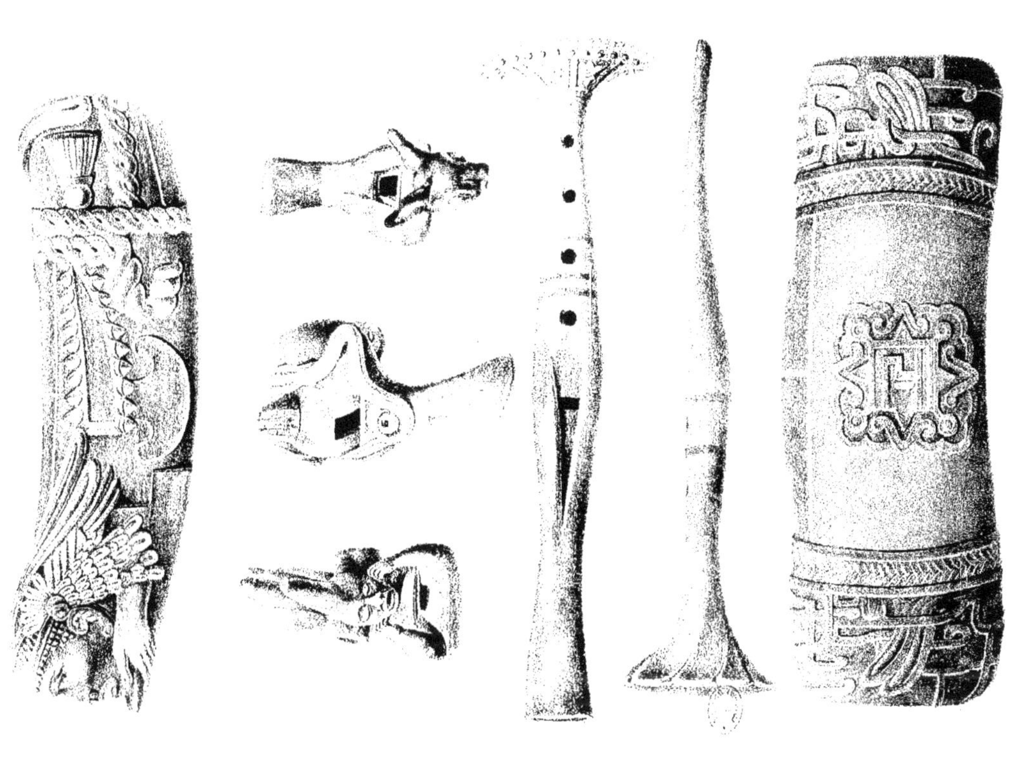

INSTRUMENTOS DE MUSICA.

Voilà ce que j'ai pu réunir en fait d'instrumens de musique, les seuls qu'on ait trouvés jusqu'à présent. Ce sont des tambourins, des flageolets et des sifflets. Le premier, qu'on appelle *teponatztli*, est toujours en bois très dur, souvent tout couvert de bas-reliefs comme les deux représentés ici. C'est un bloc carré long, creusé par le bas, et conservant de trois à quatre pouces de bois compacte pour les deux bouts. En haut, on laisse une espèce de table d'harmonie de quelques lignes d'épaisseur, où l'on fait avec une scie, ou tout autre instrument semblable, trois incisions en ligne droite; une le long de chaque côté, et une autre en travers au milieu du tambourin. De cette manière on obtient deux langues de bois qui, frappées avec un bâton sur leur partie supérieure, font entendre deux sons différens, si l'on a eu le soin de donner à ces langues divers degrés d'épaisseur. On a voulu me persuader que la différence entre ces deux sons était toujours celle d'une tierce, ce qui est une erreur, car j'en ai trouvé où elle comprenait quatre, cinq et six notes, jusqu'à une octave entière. Jamais il ne s'en trouve qui aient plus de deux sons.

L'instrument le plus complet et qui ne laisse presque rien à desirer, c'est leur flageolet. Il compte toute une octave, mais sans les demi-tons, soit parce qu'on ne les distinguait pas ou qu'on ne savait pas les rendre. En tous cas cet instrument est la preuve de grands progrès dans la musique. Si nous ne trouvons pas d'instrumens à cordes, il n'est cependant pas certain qu'il n'en existait pas; il n'est même pas croyable qu'un peuple qui était si avancé dans les arts n'ait jamais découvert qu'une corde tendue en l'air donne un son en la touchant, chose que tous les enfans découvrent en jouant. Peut-être ces instrumens étaient-ils très fragiles, de façon que tout se sera cassé dans les différens bouleversemens qui ont eu lieu depuis, surtout s'ils étaient en terre cuite, comme les flageolets et les sifflets. En considérant ces derniers instrumens, on admire l'adresse des artistes qui est encore sans égale de nos jours.

Les sifflets dont on voit ici trois spécimens n'ont jamais que deux notes, qui s'obtiennent à l'aide d'une ouverture que l'on bouche à volonté avec le doigt. Les sons qui en sortent ont une grande force. On doit donc supposer que cet instrument n'était destiné que pour se faire entendre de loin, et non pour faire de l'harmonie. On donnait à ces sifflets toutes sortes de formes en imitant ou des fleurs ou des animaux.

Les Mexicains aimaient beaucoup la musique et le chant, soit dans leurs fêtes populaires, soit pendant les prières et les sacrifices en l'honneur de leurs dieux. Les prêtres et les jeunes gens des deux sexes, destinés au culte, chantaient d'heure en heure, et souvent des nuits entières, des hymnes adressées à quelque divinité, et leur chant était toujours accompagné d'une musique instrumentale. Comme ce chant avait un caractère lent et sérieux, il n'est pas probable que l'on se servît de tambourins et de flageolets, car ces instrumens sont plus propres à inspirer de la gaîté que de la dévotion : il est donc vraisemblable qu'il en existait d'autres plus doux et plus harmonieux que l'on employait pour obtenir ce dernier résultat.

INDIOS CARBONEROS

y labradores de la vecindad de Mexico.

INDIOS CARBONEROS

Y LABURADORES DE LA VECINDAD DE MEXICO.

C'est particulièrement à cette tribu que se rapporte ce qui a été dit à l'occasion de la première planche des costumes Indiens. La principale figure, vue de face, est un Indien charbonnier revêtu d'un manteau de palmier pour se garantir de la pluie; les autres sont des Indiens laboureurs qui portent des fruits et des volailles au marché. J'ai déjà fait observer que les trois quarts s'échangent contre de l'eau-de-vie, et rarement ils sortent de la ville sans avoir le nez cassé et quelques bosses à la tête, soit que cela ait lieu par des querelles entre eux, soit que le dernier degré de l'ivresse ait mis ces parties en contact avec quelque borne ou coin de maison. Une fois hors de la ville, ils ne risquent plus ces fâcheuses rencontres, ayant perdu tout-à-fait connaissance, un lit de poussière, un fossé rempli d'eau, ou un autre trou quelconque les attend pour la nuit, et quand le soleil du lendemain les rend à la vie et à la raison, leur première pensée est encore un verre de chigerito pour se rafraîchir avant de chercher le chemin de la maison.

PASEO DE LA VIGA.

Comme en Italie et en Espagne, il n'y a pas de ville qui n'ait son Curzo ou Paseo. A l'imitation de cette dernière, il n'y a pas de ville au Mexique, telle petite qu'elle soit, qui ne possède une promenade publique, soit dans la ville même, soit hors des murs. C'est là que, tous les jours avant le coucher du soleil, les élégantes señoritas et les à demi fashionables cavalleros développent, les premières en voiture, les autres à cheval, tous les moyens de plaire à l'objet de leur flamme; car dans ces pays où la nature a tout fait pour le bien-être de l'homme, on n'est pas accablé de travail et de soucis. Riche ou pauvre, à l'instar des dieux de l'Olympe, on vit au jour le jour, ne songeant qu'à l'amour et aux plaisirs. Comme à Rome, entre Pâques et la Pentecôte, on change à Mexico le lieu de la récréation, en se transportant de la promenade ordinaire à celle de la Viga qui, du reste, surpasse de beaucoup en beauté la première. Une triple avenue de gros arbres longe le beau canal qui conduit à las Chinampas ou jardins flottans, et va réunir le lac de Tescuco à celui de Chalco, à sept lieues de la ville. Du côté opposé à la promenade, de jolies maisons de campagne, de formes et de couleurs diverses, embellissent les bords du canal et les ponts qui le traversent par petits intervalles en ôtent la monotonie. Les dimanches et les jours de fête, le peuple prend part au divertissement du beau monde. Il s'embarque dans de grands bateaux pour aller s'amuser dans les petits villages et hameaux situés le long du canal. Le soir, quand le Paseo est rempli de promeneurs à pied, à cheval et en voiture, les bateaux reviennent l'un derrière l'autre remplis de joyeux monde qui, paré de guirlandes et couronné de fleurs, chante et danse tout le long de son paisible voyage. C'est ainsi qu'ils arrivent jusqu'à la garita (barrière), où un nombreux public s'est rassemblé, se disputant les meilleures places pour les voir et les entendre de près sur leur passage. C'est là le moment que j'ai saisi pour exécuter le tableau que nous avons devant les yeux et que tout le monde comprendra sans d'autres explications.

PASEO DE LA VIGA EN MEXICO.

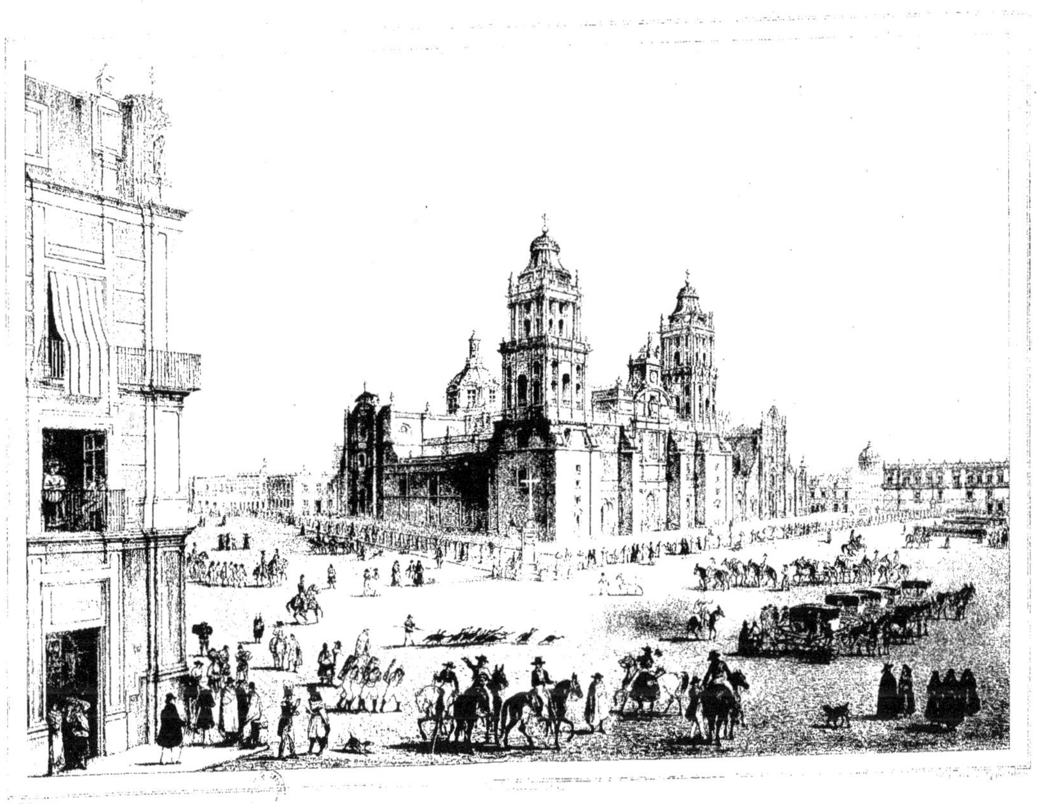

PLAZA MAYOR DE MEXICO.

VISTA DE LA CATHEDRAL

Y DE LA PLAZA MAYOR DE MEXICO.

La vue intérieure de Mexico, qui précède celle-ci, a été prise du côté opposé. La cathédrale, dont on ne voyait qu'un angle avec une des tours, paraît à présent dans toute son étendue et sa magnificence. Commencée bientôt après la conquête, elle n'a été entièrement achevée que l'année 1693. L'architecture n'en est pas d'un goût pur et parfait, mais la masse est imposante et les détails proportionnés. On remarquera sur le côté droit de la façade principale, la façade de la chapelle qui en fait partie. Elle a été construite après la première et dans le style de la renaissance: ses formes sont élégantes, et la distribution de ses nombreux ornemens fait honneur au goût et au talent de l'architecte. L'intérieur de cette cathédrale s'harmonise, pour la forme et la splendeur, à ce que l'on voit extérieurement: le mobilier surtout est d'une richesse remarquable.

Du côté gauche de la cathédrale et jointe à elle, se trouve la bibliothèque de l'église, exécutée dans un style moderne: plus loin ce sont des maisons particulières derrière lesquelles la vue se perd dans les montagnes de Notre-Dame de Guadeloupe. Le palais, dont on ne voit qu'une partie dans le lointain et à la droite du tableau, est celui du gouvernement. Sa façade indique plutôt une caserne qu'un palais, et n'impose ni par sa beauté, ni par sa masse. Il occupe une place d'environ 160,000 pieds carrés, et renferme en lui seul tous les corps administratifs du gouvernement même jusqu'à l'habitation du président de la république, autrefois la résidence du vice-roi. Si la façade principale de cet immense édifice n'a rien d'attrayant, il n'en est pas de même de son intérieur. Réduit quatre fois en cendres, il a été reconstruit de plus en plus solide; partout on rencontre des voûtes, et le bois n'a été employé que là où il devenait indispensable.

Le palais, quoique très élevé, n'a, outre le rez-de-chaussée, qu'un premier étage: de petites cours carrées, entourées de deux rangs d'arcades posées l'une sur l'autre, distribuent la lumière aux différens corps de logis. Il y a de quoi se perdre dans les divers corridors, cours et salons sans nom et sans fin. Tout respire ici la grandeur et souvent la beauté et la magnificence. Entre le palais et la cathédrale nous observons d'autres maisons particulières surmontées par la coupole de Santa-Theresa, qui fait partie du couvent du même nom. Cette église est une des plus jolies de Mexico. Il ne nous reste plus que le coin de maison à gauche, au premier plan du tableau, que tout le monde reconnaîtra pour une maison particulière. J'ai tâché d'animer cette place par des groupes et des figures de toutes les classes de la population. Ceux qui ont été sur les lieux ne manqueront pas d'y trouver quelque souvenir agréable ou intéressant, et les autres ne seront pas fâchés d'apprendre de cette manière, comment est composé le public qui anime journellement les rues de cette belle capitale.

EL ZODIACO.

TONALPOHUALLI, COMPTE DU SOLEIL.

Ce sujet, si nous voulions lui donner toute l'étendue dont il est susceptible, prendrait trop de place ici, et je serais obligé de dépasser les limites tracées d'avance à cet ouvrage. Ce travail serait même sans résultat pour le lecteur. Les recherches scrupuleuses, les études profondes, et les observations ingénieuses sur le Calendrier mexicain, qu'a faites M. de Humboldt dans ses Vues des Cordillières, ne laissent plus rien à desirer. Ce savant, après avoir étudié les meilleurs historiens mexicains, espagnols, italiens et autres, ne se borne pas à expliquer le Calendrier mexicain seulement, il établit un parallèle entre ce dernier et les différentes manières de diviser le temps chez les autres peuples anciens de l'Amérique et de l'Asie, ce qui donne un résumé intéressant et fort instructif. Comme l'ouvrage qui contient ce traité est à la portée de tout le monde, je ne doute pas qu'il soit connu de mes lecteurs. Dans le cas contraire, je vais tâcher par la présente planche et une explication très abrégée, d'exciter leur curiosité pour les obliger à la lecture du livre en question.

La pierre représentée à la fin de cet ouvrage fut trouvée à 5 ou 6 pieds de profondeur, à l'époque où des travaux souterrains furent exécutés en 1790. Elle est en basalte et représente un carré long, dont les coins ont été mutilés par le temps et les révolutions. Le cylindre, qui s'élève de 3 pouces au milieu de cette pierre, a 9 pieds de diamètre. Il renferme le calcul d'une année mexicaine. Au milieu, on aperçoit un visage humain, image du Soleil, dont les seize rayons (huit en forme de triangle et huit autres en forme de panache de plumes), s'étendent sur la surface de la pierre. La figure du Soleil est entourée circulairement de quatre cadres, dont chacun est une image des jours de l'année; plus, de deux ronds des deux côtés de la figure, représentant des têtes chimériques (1): tout cela, avec le triangle au-dessus de la tête et l'ornement qui descend du menton entre les deux grands cadres d'en-bas, indique, avec la figure principale, le mouvement du Soleil. Les petites images entre le triangle et les deux cadres d'en-haut, et ceux d'en-bas au-dessous de l'ornement qui descend du menton du Soleil, indiquent les principaux jours de fêtes compris dans les neuf mois mexicains, ou six des nôtres, pendant lesquels le Soleil parcourt l'écliptique entre l'équinoxe et le tropique du Cancer. Voilà pourquoi le Dr Gama prétend qu'il

(1) D'après une relation fabuleuse, ce sont les portraits de deux époux, les inventeurs du Tolanamatl (calendrier rituel, ou compte de la Lune.)

doit se trouver une autre pierre près de l'endroit où a été trouvée celle-ci, pour indiquer les fêtes de l'autre moitié de l'écliptique, entre l'équinoxe et le tropique du Capricorne. Si nous ajoutons à cette image les quatre signes numériques qui sont les quatre petits ronds au-dessus et au-dessous des deux têtes chimériques, nous obtiendrons le jour Nahui Ollin Tonatiu, qui est celui où le Soleil arrivait au tropique du Cancer, dans la vingt-sixième année du siècle mexicain : cette année est représentée sur cette pierre d'après l'hiéroglyphe qui se trouve tout en haut. C'est une espèce de corbeille avec treize petits ronds autour; on l'appelle *Matlactli omey Acatl* (treize cannes).

Les vingt signes renfermés entre le second et le troisième cercle sont les vingt jours du mois : le premier jour est figuré tout en haut de la pierre par une tête monstrueuse à cornes et dont la langue sort d'entre les dents, et à gauche de cette tête, il y en a une plus monstrueuse encore qui indique le second jour du mois. C'est dans cet ordre de droite à gauche et non de gauche à droite, qu'ils se suivent en se terminant par une espèce de fleur à côté de la tête qui indiquait le premier jour. Les cadres compris entre le troisième et le quatrième cercle, et qui portent chacun cinq petits ronds, se rapportent, d'après Gama, au Tolanamatl. De toute la série des petits cadres, il en suppose douze couverts par les quatre grands rayons du Soleil; de cette manière il trouve, en les multipliant par 5, le nombre 260, qui correspond aux 20 treizièmes du Tolanamatl.

J'ignore la signification des ornemens et des animaux compris entre les rayons. Deux serpens, singulièrement ornés, encadrent toute la pierre. Ils se regardent l'un l'autre la gueule ouverte, le nez jeté en arrière en forme de trompe. Chacun tient une tête humaine entre ses dents; on voit distinctement l'œil et les crochets de l'animal. Son corps se replie vers le haut et se termine en pointe vers le signe de l'année. On avait l'habitude d'entourer le siècle par un serpent qui se mord la queue, pour indiquer, peut-être comme chez nous, l'éternité; mais avec l'année Nahui Ollin Tonatiu ne se termine qu'un demi-siècle mexicain. Aurait-on voulu figurer, par les deux serpens qui se regardent, les deux demi-siècles séparés?

On ne se douterait guère de l'importance des huit petits trous qui se trouvent en dehors du grand cercle et sur la surface de la pierre. On y fixait des gnomons dont l'ombre, tombant sur la pierre, indiquait avec assez d'exactitude les heures du jour et les principales fêtes de l'année.

Supposons toute cette pierre, que j'ai dit plus haut avoir été un carré rectangulaire, dressée verticalement de l'est à l'ouest sur un plan horizontal, la face tournée vers le midi; puis, fixons deux gnomons d'une certaine longueur dans les deux premiers trous d'en haut à droite et à gauche, et deux plus grands (dont la différence doit être proportionnellement égale à celle du zénith de Mexico au tropique du Cancer) dans les deux derniers trous à droite et à gauche du bas de la pierre : après cela tendons, aux extrémités et entre les deux premiers, comme entre les deux derniers, une corde, de manière que les deux cordes traversent la pierre en lignes horizontales et parallèles entre elles-mêmes, l'ombre du fil d'en haut touchera alors, l'année 13 Acatl et le jour Quiahuitl, sur le plan duquel est élevée la pierre; plus ou moins en avant, selon la longueur des gnomons, en formant avec le plan vertical de la pierre, au jour de l'équinoxe, un angle égal à la latitude de la ville. La même ombre d'en haut doit tomber sur celle d'en bas (en raison de la différence de longueur des gnomons) le jour Ome Ozomatli dans la même année 13 Acatl, indiquant par-là le solstice d'été.

Les quatre autres petits trous renferment autant de gnomons d'égale longueur, auxquels sont attachés deux autres fils qui, ainsi que les premiers, traversent la pierre horizontalement et parallèlement entre eux-mêmes. C'est par l'ombre de ces deux fils que les Mexicains connaissaient les deux passages du soleil au zénith de la ville: elles devaient, ces jours-là, se couvrir l'une l'autre, à midi. Mais la pierre indiquait non-seulement les solstices et les équinoxes, elle servait aussi, comme cadran, à indiquer les principales divisions du jour, qui étaient midi, neuf heures du matin et trois heures de l'après-midi, temps de la journée fixé pour le culte. A midi, l'ombre des quatre gnomons de l'hémisphère d'en haut devait tomber chacune sur son correspondant en ligne verticale de l'hémisphère d'en bas. A neuf heures du matin, l'ombre du premier gnomon d'en haut, du côté droit, devait tomber, en passant par le centre de la pierre, sur le dernier gnomon à gauche d'en bas; et à trois heures, l'ombre du gnomon d'en haut à gauche devait couvrir celui du gnomon d'en bas à droite.

Voilà la simple explication de la pierre telle qu'on peut la donner de nos jours: nul doute qu'il ne nous reste bien des questions à faire, des doutes à éclaircir et des problèmes à résoudre, grâce aux premiers conquérans qui, au lieu de veiller à la conservation de tout document qui avait du rapport à l'histoire et à la civilisation du pays, ne songeaient qu'à la ruine et à la destruction de ce qu'ils rencontraient. C'est surtout l'idolâtrie qu'ils paraissaient avoir pris en aversion, au point de vouloir exterminer jusqu'à sa mémoire, oubliant le coup fatal qu'ils portaient à l'histoire.

J'ai ajouté à cette planche quelques petites têtes en terre cuite, trouvées à 7 lieues au nord de Mexico, autour des deux pyramides de San Juan de Teotiuacan, qui, à cause de la diversité de leurs traits, me paraissaient dignes d'attention; on les trouve en grand nombre et toujours sans corps.

TEOYAOMIQUI

TEOYAOMIQUI

OU DÉESSE DE LA MORT.

Cette statue, dont les mamelles indiquent le sexe, a été trouvée en même temps que le calendrier, et presque à la même place; elle est en basalte porphyrique comme la première; sa hauteur est de neuf pieds environ. Deux têtes de serpens sortant du torse de la figure et posées vis-à-vis l'une de l'autre, de manière à être vues de profil, forment l'ensemble de la tête de cette même figure. On voit distinctement les yeux, les dents, les crochets, toute la bouche enfin avec les langues pendantes des deux animaux. Un petit cordon de perles entoure le cou, et un grand collier noué derrière le dos tombe des épaules sur la gorge. Ce sont des mains coupées et des sacs de copale, indiquant les sacrifices qu'on faisait à cette divinité. La robe et le jupon, la première ornée de serpens, l'autre de plumes et de perles, sont tenus par un ceinturon de deux gros serpens dont les extrémités, après avoir formé un nœud sur le ventre de la figure, tombent le long de la robe: ils portent comme agrafes devant et derrière l'emblème de la mort. Un autre gros serpent-monstre descend du dessous de la robe, et va placer sa tête entre les pieds de la figure, lesquels, comme tout le reste, inspirent la terreur et l'épouvante en montrant de grandes griffes à l'imitation des pattes du tigre. Les bras, dont on ne distingue pas bien la forme ici, se dessinent parfaitement vus de profil; ils tombent le long du corps, les coudes collés contre les hanches, puis l'avant-bras se lève, mais au lieu de faire voir en haut une main humaine, il développe encore une tête de serpent, entièrement semblable à celles que nous voyons faisant tête à la figure, mais vue de face.

Il est possible que cette statue renferme plusieurs divinités en une seule, car les griffes, les serpens ornés de plumes et le collier de mains font allusion, les premières à Tlaloc, dieu des eaux, des nuages et du tonnerre; les seconds, à Quetzalcuatl, dieu du vent, et le dernier à Huitzilopoctli, dieu de la guerre.

Je n'ai pu vérifier le bas-relief qui se trouve sous la plante des pieds de cette figure, et que le docteur Gama a reconnu, lors de l'excavation, pour représenter Mictlauteuhtli, seigneur de l'enfer ou de la tombe.

Dieu de la guerre, déesse de la mort, et dieu de l'enfer: voilà une aimable trinité! et l'idée de l'amalgame en une seule statue est certainement des plus heureuses. Le premier, en semant la discorde parmi les peuples les conduisait au combat et donnait ainsi du travail aux deux autres: la deuxième parcourait les champs de bataille et les lieux des sacrifices pour arracher les âmes aux victimes vouées à la mort, pendant que son compagnon Mictlanteuhtli ramassait les têtes pour les enterrer. C'est dans cette occupation qu'il est représenté dans ce bas-relief. Il est évident que cette figure ne reposait pas sur ses pieds à l'endroit où elle était placée, car, s'il en eût été ainsi, on n'aurait pu voir le bas-relief. Elle doit avoir été portée en l'air en s'appuyant sur ses coudes, qui se trouvent renforcés par une espèce d'ornement carré tombant des manches: de cette manière tout devenait visible.

ERRATA.

Articles.

Vera Cruz . . . . Lig. 13, Saint-Hulua, *lisez* : Saint-Juan de Ulua.
Lig. 3, d'en bas : et d'autres, *lisez* : et autres.
Lig. 2, d'en bas : les natifs, *lisez* : les naturels.

Rancheros . . . . Lig. 5, de bois, *lisez* : en bois.
Lig. 9, ou coloriés, *lisez* : ou bigarrés.

Arapaho . . . . Lig. 6, de bois, *lisez* : en bois.

La Pirámide de Papantla . . . . . Lig. 8, mais supposant, *lisez* : mais en supposant.
Lig. 10, des murs et monumens, *lisez* : les murs et les monumens.
Lig. 11, oserait, *lisez* : osait.
Lig. 6, d'en bas : géométrales, *lisez* : géométriques.
Lig. 5, d'en bas : et dépouiller, *lisez* : et *la* dépouiller.
Lig. 3, d'en bas : mettre ceux, *lisez* : mettre à même ceux.
Lig. 2, d'en bas : à même, à supprimer.
Idem. *la* mesurer, *lisez* : *le* mesurer.

Poblanas . . . . Lig. 3, ruboso, *lisez* : reboso.

Interior de Mexico . . . . Lig. 12, ils étaient sous l'empereur Montezuma, *lisez* : sous l'empereur Moctezuma, ils étaient.
Lig. 15, mais sur un, *lisez* : mais d'après un.
Lig. 7, d'en bas : au 21e degré, *lisez* : au 19e degré.

Jalapa . . . . Lig. 3, doux et agréable, *lisez* : doux et aussi agréable.
Lig. 4, par ses charmes, *lisez* : pour ses charmes.

Ruinas de Xochicalco . . . . Lig. 1, sud du Mexico, *lisez* : sud de Mexico.
Lig. 4, Compris les, *lisez* : y compris les.
Lig. 8, ou ignorance, *lisez* : ou par ignorance.
Lig. 5, pag. 2 : des campagnes, *lisez* : des maisons de campagne.
Lig. 1, d'en bas, pag. 2 : plans et coupe, *lisez* : les plans et les coupes.

Restauracion de la Pirámide . . . . Lig. 8, second également, *lisez* : second sont également.

Leñadores . . . . Dans la note qui accompagne cet article.
Lig. 4, après le mot chandelier, supposez une virgule seule.

Vela grande . . . . Lig. 8, d'en bas : joints aux, *lisez* : joint aux.
Lig. 3, voilà les, *lisez* : devinrent les.
Lig. 4, pag. 2 : fouillant, *lisez* : foulant.

Interior del Templo . . . . Lig. 5, d'en bas : qu'un homme, *lisez* : *pour* qu'un homme.

Pueblo de los Angeles . . . . . . Lig. 6, ne maintienne, *lisez* : ne se maintienne.

Cholula . . . . Lig. 10, d'en bas : avec peine, *lisez* : à peine.
Lig. 7, d'en bas : pag. 2, desirer, *lisez* : désirer.
Lig. 21, déjà observé, *lisez* : déjà fait observer.

Indios de Guauchinango . . . . . Lig. 6, pag. 2, d'en bas : point de virgule après le mot *[illegible]*.

Aguas calientes . . . . Lig. 3, habitans d'un, *lisez* : habitans sont d'un.

Bajo-Relieves . . . . Lisez : *Bajos-relieves*.

Gente de la costa . . . . Lig. 6, pag. 2, point de virgule après le mot *employée*.

La fontana a Tusapan . . . . Lisez : *Fuente de Tusapan.*
Lig. 5, dont elle, *lisez* : d'où elle.

Ruinas en el monte de Mapilca . . . Lig. 4, d'en bas : carée, *lisez* : carrée.

Arieros . . . . Lisez : *Arrieros.*
Lig. 5, point à, *lisez* : ni où.
Lig. 6, point de virgule après le mot *repus*.

Figuras de piedra y de barro . . . . Lig. 3, d'en bas : indiqueraient un, *lisez* : indiquassent un.
Lig. 2, d'en bas : j'observe, *lisez* : je fais observer.

Piedra de Sacrificio . . . . Lig. 2, numéro 4 : par dessus, *lisez* : de dessus.
Lig. 4, d'une bande ornée, *lisez* : d'un bandeau orné.
Lig. 5, cette bande, *lisez* : ce bandeau.

www.ingramcontent.com/pod-product-compliance
Ingram Content Group UK Ltd.
Pitfield, Milton Keynes, MK11 3LW, UK
UKHW021044200726
13857UKWH00003B/821